Rainer Nahrendorf
Der Kormoran-Krieg
–
Warum die Waffen nicht schweigen

Rainer Nahrendorf

Der Kormoran-Krieg
Warum die Waffen nicht schweigen

Mit Links zu Videos und Webcams

Keine Haftung für das Nutzen von QR-Codes und Web-
links sowie für die Inhalte externer Webseiten

Bibliografische Information der Deutschen Nationalbibliothek:
Die Deutsche Nationalbibliothek verzeichnet diese Publikation in der Deutschen Nationalbibliografie;
detaillierte bibliografische Daten sind im Internet über http://dnb.de abrufbar.

Gestaltung: Dr. Bernd Floßmann, www.IhrtraumvomBuch.de
Verlag und Druck: tredition GmbH, Halenreie 40-44, 22359 Hamburg

978-3-7482-4440-0 (Paperback)
978-3-7482-4441-7 (Hardcover)
978-3-7482-4442-4 (e-Book)

Inhalt

Der Autor

Rainer Nahrendorf, Jahrgang 1943, ist in Hamburg aufgewachsen, organisierte nach seinem Examen als Diplom-Politologe an der FU-Berlin zwei Wahlkämpfe in der Hansestadt und war Assistent des Hamburger Privatbankiers und Bankenverbands-Präsidenten Alwin Münchmeyer. 1972 wechselte er zum Handelsblatt, gehörte der Redaktion 34 Jahre an, davon mehr als 12 Jahre der Chefredaktion. Anderen Mut zu machen war schon als Chefredakteur seine Führungs- und Handlungsmaxime. Dieser Maxime folgte er als Buchautor.

Mit seinem 2008 erschienenen Buch „Der Unternehmer-Code" macht er Mut zur Selbstständigkeit. Das ebenfalls 2008 veröffentlichte Buch „Der Pinocchio-Test" ist ein investigativer Beitrag zur Zeitgeschichte, der Wortbrüche und Lügen in der Politik entlarvt. Es macht Politikern Mut, bei der Wahrheit zu bleiben. Das 2016 publizierte E-Book „Wie viel Lüge verträgt die Politik? Und wie viel Wahrheit der Wähler?" enthält und ergänzt den Pinocchio-Test.

Die 2010 erschienene „Chancengesellschaft" wendet sich gegen das Zerrbild einer Hartz IV-Absteigerrepublik, gegen den verbreiteten Statusfatalismus und schildert beispielhafte Aufsteigerkarrieren von Andrea Nahles bis Werner Wenning. Es macht Mut zum Aufstieg in Deutschland. So wie „Der Unternehmer-Code" die Kernkräfte von erfolgreichen Unternehmern beschreibt, schildert die Chancengesellschaft die Kernkräfte von Aufsteigern, was sie antreibt und befähigt, tatkräftige Unternehmer ihres eigenen Lebens zu sein.

Als „Wahrheitsfanatiker" sieht sich der Autor nicht, sondern als Erzähler, der kleine und große Leser schmunzeln lassen möchte. Sein 2016 veröffentlichtes Mäuse-Märchen „Das abenteuerliche Leben der Maus Henriette" ist ein Lesespaß für Klein und Groß. Das 2017 erschienene und als Naturbuch empfohlene Buch „Kalle und die Nachtjäger der Eifel" wirbt unter jungen Lesern, Freunde der gefährdeten Fledermäuse zu werden. Mit dem im Dezember 2017 veröffentlichten Buch „Geier Georg auf der Flucht" können Leser über faszinierende Landschaften fliegen. Sie brauchen nur die in das Buch integrierten QR-Codes einzuscannen. Die Liebes- und Lebensgeschichte vom Geier Georg verändert die Wahrnehmung dieser verkannten Tiere. 2018 folgte das multimediale Natur-Büchlein „Die Gauner der Lüfte- Krimis aus der Vogelwelt- Von Räubern und Trickbetrügern". Die Naturbücher Rainer Nahrendorfs integrieren spektakuläre Videos per QR-Code und Weblinks und vermitteln faszinierende Naturerlebnisse. Anlass für sein neues Buch „Der Kormoran-Krieg - Warum die Waffen nicht schweigen" war die persönliche Betroffenheit des Autors als Fliegenfischer und Naturfreund.

Vorwort. Ein bisschen Frieden ...

Kein Vogel erregt die Gemüter von Anglern, Teichwirten und Berufsfischern auf der einen Seite und Natur- und Artenschützern auf der anderen so sehr wie der Kormoran. Für die einen ist er ein Problemvogel, ein Hasstier, die schwarze Pest, eine Plage, für die anderen der Vogel des Jahre 2010, ein Sündenbock und Symbolvogel[1] für einen funktionierenden Artenschutz. Viel gewonnen wäre, wenn die Konfliktparteien dieses Schwarz-Weiß-Denken aufgäben. Die Hege spielt auch in der Berufs- und Hobbyfischerei durch die Nachzucht- und Besatzmaßnahmen eine wichtige Rolle. Sie sollen nicht nur die Fangerträge sichern, sondern auch Arten erhalten. Nachzucht- und Besatzmaßnahmen ermöglichen erst die Rückkehr einiger Fische wie Lachse[2] in Gewässer[3], in denen sie seit langem nicht mehr vorkamen. Teichwirte, Berufs- und Hobbyfischer sind nicht nur Naturnutzer, sondern auch Naturschützer.

Der Kormoran war um die Wende vom 19. zum 20. Jahrhundert in Schweden, Dänemark, Deutschland und Belgien fast ausgerottet. In den Niederlanden und Polen hatten 3000 bis 4000 Brutpaare überlebt. Seit er durch die EG-Vogelschutzrichtlinie 1979 EU-weit unter Schutz gestellt wurde, ist er zu einem Siegeszug in Europa gestartet. Allein in Deutschland gab es 2016 fast 26000 Brutpaare, im südwestlichen Ostseeraum (Dänemark, Mecklenburg-Vorpommern, Schleswig-Holstein) fast 50000[4]. Abzuwarten bleibt, ob die Bundesregierung mit ihrer Annahme recht hat, dass der Kormoran in Deutschland die Kapazitätsgrenzen seines Lebensraumes erreicht hat[5]. Für Kerneuropa – ohne Russland, Weißrussland, Moldawien und die Ukraine – bezifferte die EU-Kormoranplattform die Zahl der Brutpaare schon für das Jahr 2006 mit 233000. Die Zahl der in Europa lebenden Kormorane wird auf 500000 bis 2,4 Millionen geschätzt - je nach Gebietsabgrenzung, Arten und Zählzeitpunkt. Für Deutschland schätzt die Bundesregierung die Zahl der Kormorane auf 130000.

---

1   Der Kormoran. Vogel des Jahres 2010. LBV/NABU (Link im Anhang).
2   Fisch-Transponder in Kormoran-Nestern (siehe Anhang)
3   https://www.dafv.de/referate/gewaesser-und-naturschutz/item/229-die-rueckkehr-der-lachse.html
4   Christof Herrmann, Kormoranbericht Mecklenburg-Vorpommern 2017
5   BT-Drucksache 18/1130

Während die Zahlen für Brutpaare noch halbwegs verlässlich sein mögen, macht die Bezifferung von Gesamtzahlen wenig Sinn. Die meisten Kormorane sind keine Standvögel, sondern Teilzieher oder Langstreckenflieger bis in eine Lagune Sardiniens, an die Küsten Nordafrikas oder an das Schwarze Meer. Da wird die Zählerei zum Glücksspiel. Unbestritten ist, dass es mittlerweile sehr viele sind und, weil die Fraßschäden für Fischer, Teichwirte und Angler hoch sind, für diese einfach zu viele. Eine tragische Ironie ist es für Angler, dass sie mit ihrem Besatz nicht nur zum Erhalt von Fischarten beitragen und ihre Fangaussichten verbessern, sondern das Überleben der Kormorane sichern.

Mensch und Tiere sind häufig Nahrungskonkurrenten. Jeder Bauer weiß, dass die Feldmäuse, die sich ungefähr alle drei Jahre nach einem milden Winter und trockenen Sommer massenhaft vermehren, seine Getreideerträge schmälern können. Jeder Gartenbesitzer weiß, dass er wenige Kirschen und rote Johannisbeeren ernten wird, wenn es sie nicht durch Netze vor Vögeln schützt. Aber wirken Netz- oder Fadenüberspannungen und Knallkanonen auch zur Abwehr der schlauen Kormorane?

Die Anglerverbände fordern ein europaweites Kormoranmanagement, das den Artenschutz auch für Fische durchsetzt. Aber gibt es dafür in Europa eine politische Mehrheit und taugt es als Problemlösung? Eine gute Einführung in das kontroverse Thema dieses Buches bieten die zu Beginn des Anhangs abgedruckten Auszüge aus der Webseite des Bundesamtes für Naturschutz (BfN) zum Artenschutz am Beispiel des Kormorans. Ich empfehle den Lesern diese Seite als Startlektüre nach diesem Vorwort.

Dieses Buch ist multimedial angelegt. Durch das Anschauen der im Internet verfügbaren Videos aus mehreren Ländern kann der Leser die Probleme, die hohe Kormoranzahlen verursachen, besser nachvollziehen und das Pro und Kontra im „Fall Kormoran" abwägen. Das Einscannen der QR-Codes und das Anklicken der Weblinks geschieht auf eigenes Risiko. Für die Richtigkeit der Inhalte und Rechtmäßigkeit der verlinkten Quellen kann der Autor keine Gewähr übernehmen. Verantwortlich ist dafür der jeweilige Urheber. Die Eu-Urheberrechtsreform kann Konsequenzen für dieses Buch haben. Welche dies sein könnten, war zum Zeitpunkt der Veröffentlichung nicht zu erkennen. Bei der Auswahl der zahlreichen Videos hat der Autor auf stark emotionalisierende Videos verzichtet. Wer einen Konflikt entschärfen will, sollte ihn nicht zugleich anheizen, so sehr die emotionalen Videos das Verständnis für die unterschiedlichen Positionen erleichtern würden. Die Filme und Dokumente sind per QR-Codes und Web-Links in den Anhang zu diesem Buch integriert. QR-Code-Scanner gibt es als kostenlose APP. Sie können die Videos nicht nur auf Smartphones und Tablets sehen, sondern auch auf dem PC. Dazu müssen Sie den Titel in die YouTube-Suchmaske eingeben.

Finden Sie einen Film oder ein Dokument nicht, tragen Sie bitte den Titel oder ein erweitertes Stichwort in die Suchmasken von YouTube oder von Google ein. Dies gilt auch für den Fall, dass Sie die Links nicht nutzen können. Vielleicht haben Sie Glück. Sollte ein aufgeführtes Video nicht mehr im Internet verfügbar sein, ist es vom Server gelöscht. Das bedaure ich. Die Fundstellen sind in den Fußnoten verkürzt angegeben. Den exakten Titel finden Sie im Quellenverzeichnis.

Dieses Buch will die Frage beantworten, warum die Waffen nicht schweigen. Es will den Dialog zwischen den Streitparteien und einvernehmliche Lösungen fördern. Das ist, wenn sich „Schadenszenario" und Harmlosszenario" so konträr gegenüberstehen, vielleicht ein vermessener Vorsatz. Sich zwischen die Stühle zu setzen, ist ein unbequemer Platz. Aber dieses Risiko muss jeder Autor eingehen, der einen Vermittlungsversuch wagt. Ich habe das Ping-Pong der Argumente, die in Pressestatements, Artikeln, Vorträgen und Videos immer wiederkehren, nachgezeichnet und überlasse dem Leser das Urteil, wer die besseren hat. Aber das sollte nicht entscheidend sein. Wichtiger wäre ein versöhnlicher Händedruck. Dieser Wunsch hat einen persönlichen Hintergrund. Der Autor war über viele Jahre Pächter eines Salmonidengewässers und Mitglied eines Fliegenfischervereins in der Eifel[6], in dem nur mit Schonhaken gefischt wurde. Er ist zugleich ein Natur- und Vogelfreund. Diese zwei Seelen in ihrer Brust werden viele Angler spüren und die Konkurrenz mit den häufig erfolgreicheren Reihern und Kormoranen ertragen.

Die Natur hat nun einmal ältere Rechte, die der Mensch bei seinen Eingriffen respektieren muss. Sie sollten deshalb so naturschonend wie möglich sein. Konkret: Abschüsse sollten die Ultima Ratio sein und auf Fälle begrenzt bleiben, in denen ein großer wirtschaftlicher Schaden zweifelsfrei nachgewiesen wird oder der Bestand einer Art in einem Gewässer nachweisbar bedroht ist. Die auf der Ebene von Bundesländern getroffenen Regelungen zum Schutz von Fischbeständen und zur Abwehr erheblicher fischereiwirtschaftlicher Schäden durch Kormorane führten in der Jagdsaison 2016/17 nach Angaben der Fischereibehörden zum Abschuss von mindestens 19 000 Vögeln[7].

---

6   ASV Mayfly in Birresborn (siehe „Mein liebstes Hobby" und „Kormorane in Rheinland-Pfalz" im Anhang)
7   Jahresbericht 2017 zur Binnenfischerei (siehe Anhang)

Die Kormoranverordnung des Landes Baden-Württemberg weist ausdrücklich auf diese „Ultima Ratio" hin. Sie bestimmt: „Das Töten von Kormoranen darf nicht erfolgen, wenn weniger schädigende Maßnahmen dauerhaft geeignet sind, die natürlich vorkommende Tierwelt zu schützen oder erhebliche fischereiwirtschaftliche Schäden abzuwenden". Aber welche Maßnahmen sind dies und wie dauerhaft geeignet sind sie?

Mit der vorgefassten Ultima-Ratio-Meinung ist dieses Buch geschrieben. Ein Mut machendes Zeichen ist, dass das Aufhängen eines toten Kormorans an einem Kreuz vor der Hirschauer Bucht im Chiemsee im Sommer 2014 bei Naturschützern und Fischern gleichermaßen Empörung ausgelöst hat. Verhärtete Fronten und Wutbürger auf beiden Seiten führen im Kormorankonflikt nur dazu, dass sich Stellungskrieg fortsetzt. Dieser Krieg hat aber jetzt schon zu lange gedauert. „Runde Tische" können Kompromisse zwischen Naturnutzern und Naturschützern erarbeiten. Wenn sich die Besonnenen durchsetzen, ist ein bisschen Frieden möglich. Mein Dank gilt Christof Herrmann vom Landesamt für Umwelt, Naturschutz und Geologie in Mecklenburg-Vorpommern, dem Kormoranbeauftragten für die bayrische Teichwirtschaft Tobias Küblböck und meinen vielen anderen Gesprächspartnern in Behörden und Verbänden, die mir Auskünfte erteilt und den teilweisen Abdruck ihrer Veröffentlichungen erlaubt haben sowie meiner Frau Sigrid. Sie hat wieder einmal viel Geduld mit mir gehabt und Korrektur gelesen.

# I. Eine Verfolgungsgeschichte

Seit etwa 12 000 Jahren leben Kormorane in Nord- und Mitteleuropa. Knochenfunde aus steinzeitlichen, keltischen, römischen und frühmittelalterlichen Ausgrabungen veranschaulichen, dass sie eine Beute der damaligen Jäger waren. Beliebt waren sie schon im Mittelalter nicht. Dies zeigt der Ausspruch „Ei der Dauss". Dauss war ein Synonym für Teufel und „Dauss" der damalige Volksname für den Kormoran[8]. Aber Menschen jagten nicht nur Kormorane, sie machten sie auch zu ihren Fischereigehilfen, denn der „kahlköpfige Wasser- oder Meerrabe" ist ein exzellenter Fischfänger. Er taucht zwar auf seinen Fischjagden in der Regel nur ein bis drei Meter tief, schafft es jedoch auch in Tiefen bis zu 16 Metern[9] und nach anderen Angaben bis zu 30 Metern. Sogar Rekordtauchgänge von 70 Metern werden berichtet. Er ist ein bewunderter und gefürchteter Tauchkünstler der Spitzenklasse. Diese Tauchleistungen haben Fischer in China und Japan seit dem dritten Jahrhundert zu nutzen gewusst. Seit dieser Zeit ist die Kormoranfischerei mit gefangenen und abgerichteten Kormoranen nachweisbar.

Foto 1: *Die 80 bis 100 Zentimeter großen und zwischen zwei bis drei Kilo schweren Vögel fangen bevorzugt Fische, die sie ohne großen Aufwand erbeuten können – sie sind Nahrungsopportunisten. Der Kormoran, dessen grüne Augen an Edelsteine erinnern, ist ein Meistertaucher. Bis zu 90 Sekunden lang und 30 Meter tief kann er tauchen. Sein mit Wasser vollgesogenes Gefieder lässt er von Wind und Sonne trocknen – ein einzigartiges Verhalten in der Vogelwelt. Dazu breitet er die Flügel in der charakteristischen Haltung auf einem Ruheplatz aus (NABU).*

---

8   Bundesamt für Naturschutz
9   Wikipedia

Die Kormorane begleiten ihren Meister auf dem Boot, tauchen auf Kommando, und kehren mit den Fischen zum Boot zurück. Ein Schlundring oder Schnüre am Hals kurz über dem Rumpf verhindern, dass sie die von ihnen gefangenen Fische selber verschlucken. Der Meister nimmt ihnen die Fische ab und hält die Kormorane mit der Fütterung von kleinen Fischen, Fischstücken oder Garnelen bei Fanglaune. In Japan wurden Fangleistungen bis zu 150 Fischen in der Stunde beobachtet[10]. Eine nennenswerte wirtschaftliche Bedeutung hat die Kormoranfischerei heute nicht mehr. Die vielen Touristenschiffe, die den Li-Fluss in der südchinesischen Provinz Yunan hinunterfahren, verdrängen die Kormoranfischer. Hier, wie am japanischen Fluss Nagara, ist die Kormoranfischerei zur Touristenattraktion geworden.

Eine Attraktion und Freizeitbeschäftigung der Adeligen war sie ab der Mitte des 16. Jahrhunderts an englischen und französischen Höfen und in einer zweiten Phase zu Beginn des 19. Jahrhunderts in Holland[11].

Fleisch und Eier von Kormoranen wurden weltweit vor allem von Fischern gegessen. Diese Nutzung stand vor allem in früheren Jahrhunderten im Vordergrund. So wurden die Kolonien der Ohrenscharbe (nordamerikanischer Kormoran, Phalacrocorax auritus) an den Küsten Neuenglands und Neufundlands im 17. Jahrhundert von den dort ansässigen Siedlern zu diesem Zweck genutzt. Die Eskimos stellten aus den Häuten der Meerscharben Kleidung her.
Schon im Jahre 1377 wurde eine Kormorankolonie bei Breslau[12] zerstört. Mehrere schriftliche Belege für eine massive Verfolgung des Kormorans mit einer Zerstörung der Brutkolonien gibt es dann seit der zweiten Hälfte des 17. Jahrhunderts. Warum die Kormorane verfolgt wurden, macht Christof Herrmann[13] mit der ersten Schilderung einer Schwarmjagd im Pommerschen Volksblatt aus dem Jahre 1832 deutlich. Damals entstand am Jamund-See (im Originaltext „Möllensee") eine Kormoransiedlung. Dieser Bericht belegt, dass der Kormoran in der Zeit vor Begründung dieser Kolonie in Pommern kaum bekannt war.

„Als im Frühjahr 1832, wahrscheinlich durch die strenge Kälte des Winters aus Norwegen vertrieben, das erste Paar dieser gefräßigen Vögel in Pommern erschien und am Möllensee nistete, ahnten wir die uns bevorstehende Plage nicht.

---

10 Wikipedia Kormoranfischerei
11 Beike, M. Die Geschichte der Kormoranfischerei in Europa. Vogelwelt 133,1-21.
12 Beike et alt. 2033
13 Herrmann, C. Der Kormoran Phalacrocorax carbo sinensis in Mecklenburg und Pommern vom ausgehenden 18. bis Mitte bis zur Mitte des 20. Jahrhunderts, Vogelwelt 132.1.116 im Jahre 2011

Einige Gutsherrschaften befahlen ihren Jägern, die fremden, nie gesehenen Gäste durchaus schonend zu behandeln. Es währte aber nicht lange, so wurde man durch die außerordentliche Vermehrung der Seeraben und durch ihren furchtbaren Fischraub aufgeschreckt. Die Art, wie sich die Tiere Nahrung verschaffen, ist merkwürdig. Fünfzig bis sechzig von ihnen bilden einen Halbkreis, die eine Hälfte taucht unter und die andere bleibt auf der Oberfläche des Wassers und während sie so, senkrecht übereinander, ihren Zug nach einer Bucht nehmend, mit Füßen und Flügeln ein Geplätscher verursachen und häufig in ihrer Stellung abwechseln, treiben sie die Fische nach dem Orte hin, wo sie sich ihrer mit Leichtigkeit bemächtigen können ... Ihre Nester bauen sie am liebsten auf hohe Bäume eines Werders und brüten alle 3 bis 4 Wochen Junge aus, weshalb ihre Vermehrung so groß ist. So schonend man diese Seeraben anfänglich behandelte, so sehr bemüht man sich jetzt, sie zu vertilgen."[14]

Herrmann schildert in seinem Artikel wie eine auf der Insel Usedom wieder gegründete Kormorankolonie im Jahre 1860 ein gewaltsames Ende nahm. „Über viele Jahre war sie ein beliebtes Ziel für Jagdausflüge, wobei die Schützen, insbesondere beim Abschuss von Ästlingen, ihre Zielfertigkeit übten. Im Jahr 1860 stattete sogar Prinz Friedrich Karl von Preussen mit seinem Gefolge der Kolonie einen Besuch ab und schoss an einem einzigen Nachmittag an die 200 Kormorane. Ein dem damaligen königlichen Oberförster Goetze zugeschriebener Bericht über einen Besuch einer königlichen Kommission im Sommer 1862 taxierte den Schaden auf 100 000 Mark, den die Kormorankolonie jährlich dem Staat zugefügt habe. Goetze zog dieses Resümee: „ ... Es blieb daher nichts weiter übrig, als zu dekretieren, dass so viele Kormorane als möglich abgeschossen, die ganze Kolonie aber pro futuro des Landes verwiesen werden müsse. Es wurden denn auch die Forstbeamten mit dieser Exmission beauftragt und im Herbste desselben Jahres noch 680 Stück Kormorane abgeschossen[15]."

Im Frühjahr 1863 erschienen die Kormorane erneut an ihrem Brutplatz, kamen jedoch aufgrund der rigorosen Verfolgung nicht zur Brut und verließen schließlich Usedom.

Mit der Ausbreitung und starken Bestandszunahme des Kormorans im ausgehenden 18. und zu Beginn des 19. Jahrhunderts wurden, schreibt Herrmann, die Bemühungen zu seiner Zurückdrängung bzw. Ausrottung intensiviert. „Die Bildung von rasch anwachsenden Kolonien an der deutschen Ostseeküste und im Binnenland führte in allen Fällen schon sehr bald zu Aktivitäten zu ihrer Vernichtung ...Sie bewirkten, dass Kolonien oftmals schon nach kurzer Zeit auf-

---

14 a.a.O.
15 a.a.O.

gegeben und an anderen Stellen neu begründet wurden. Aus diesen Gründen ist die Brutverbreitung des Kormorans im 19. Jahrhundert durch einen häufigen Wechsel der Koloniestandorte geprägt. Trotz der intensiven Verfolgung konnte sich die Art jedoch über mehrere Jahrzehnte im größten Teil ihres Siedlungsareals halten. Erst gegen Ende des 19. Jahrhunderts bzw. zu Beginn des 20. Jahrhunderts verschwand der Kormoran aus mehreren Ländern als Brutvogel."[16]

Die Motive für die Kormoran-Bekämpfung lagen, so Herrmann, in den vermeintlichen fischereiwirtschaftlichen und auch forstwirtschaftlichen Schäden. „So ist es nicht verwunderlich, dass Fischer, Grundbesitzer und Forstbehörden auf jede Ansiedlung von Kormoranen mit entschiedenen Maßnahmen zur Zerstörung der Kolonien reagierten. Unterstützt wurden sie dabei durch staatliche Institutionen und auch Kommunalverwaltungen. Die Zerstörung von Kormorankolonien gehörte zu den regulären Dienstaufgaben staatlicher Forst- und Fischereibehörden ...In Brandenburg wurden in den 1830er Jahren sogar Schützen des Gardejäger-Bataillons aus Potsdam zur Kormoran-Bekämpfung eingesetzt ... Teilweise wurden auch Abschussprämien gezahlt. So zahlte der Magistrat von Stettin in den 1870er Jahren für ein Paar Fänge des Kormorans eine Schussprämie von 2,5 Silbergroschen – ein Betrag, welcher jedoch offenbar zu niedrig war, um die Kormoranverfolgung in dem gewünschten Maße zu stimulieren[17]".

Ganz im Gegensatz zu heute spielten in der zweiten Hälfte des 19. Jahrhunderts auch die ornithologischen Vereine eine bedeutende Rolle bei der Kormoranverfolgung. Sie sahen neben der avifaunistischen (sammeln, archivieren, prüfen, publizieren, der Autor) Beobachtung und der Förderung von nützlichen Vogelarten die Bekämpfung von schädlichen Vogelarten als eine ihrer Aufgaben an. Die „Fischräuber", der Kormoran und der Graureiher, zählten zu den Schädlingen. Insbesondere für den ornithologischen Verein Stettin und seine Mitglieder sind laut Herrmann regelmäßige Aktivitäten zur Bekämpfung der Kormorane in der Umgebung dokumentiert. Herrmann beschreibt dann die allmähliche Unterschutzstellung des Kormorans in Deutschland ab den zwanziger Jahren des 20. Jahrhunderts, später dann durch das Bundesnaturschutzgesetz und die Spezifizierung des Paragrafen 4 des Gesetzes. Unter die Anordnung zum Schutz der nichtjagdbaren wildlebenden Vögel fiel damit auch der Kormoran. Nach der Bundesartenschutzverordnung von 1980 gehörte der Kormoran Phalacrocorax carbo zu den besonders geschützten Arten.

---

16 a. a. O.

17 a. a. O.

Foto 2: *Wie aus dem Kormoranbericht für Mecklenburg Vorpommern 2017 hervorgeht, hat sich der Bestand an Brutpaaren in Deutschland seit 2001 auf einem Niveau von 20 000 bis 26 000 Paaren stabilisiert. 2016 wurden 25 900 Brutpaare gezählt. 2017 gab es in Mecklenburg-Vorpommern 13 753 Brutpaare in 20 Kolonien.*

Wie Dr. Jan Jacob Kieckbusch und Dr. Wilfried Knief auf der BfN-Kormoran-Fachtagung im September 2006 in Stralsund[18] ausführten, befand sich in der ersten Hälfte des 20. Jahrhunderts bis in die 1970er Jahre der Brutbestand in Mitteleuropa und im Ostseeraum auf einem niedrigen Niveau von wenigen tausend Paaren. Anhaltende menschliche Verfolgung habe in dieser Zeit zu einer stark fluktuierenden und insgesamt stagnierenden Bestandsentwicklung geführt … Erst danach, ab Mitte der 1970er Jahre, habe in den Niederlanden und Dänemark ein langsamer Bestandsanstieg begonnen, der in den 1980er und Anfang der 1990er Jahre hohe jährliche Bestandszuwächse im zweistelligen Prozentbereich aufgewiesen habe. Etwas verzögert sei ab Mitte der 1980er Jahre diese Entwicklung auch in Deutschland und in Schweden beobachtet worden".

---

18 Fachtagung Kormorane 2006, Florian Herzig und Anne Böhnke (Bearb), BfN-Skripten 204 , 2007;Brutbestandsentwicklung des Kormorans Phalacrocorax carbo sinensis in Deutschland und Europa, KIECKBUSCH KNIEF, Biologenbüro Kieckbusch & Romahn; Landesamt für Natur und Umwelt Schleswig-Holstein-Staatliche Vogelschutzwarte

Als wesentliche Gründe nennen Wissenschaftler das Verbot von DDT[19] und PCB sowie die 1979 vom Rat der Europäischen Gemeinschaft verabschiedete EG-Vogelschutzrichtlinie (79/409/EWG). Dadurch genossen die Vögel, ihre Eier und Brutstätten u. a. nun in allen Mitgliedstaaten den Schutz vor direkter Verfolgung und Störungen gemäß Artikel 5.

Blickpunkt: NABU-Webcams auf Fehmarn: Die Kormorane von Wallnau

Faszinierende Einblicke in das Leben der Kormorane ermöglicht der NABU-Schleswig-Holstein mit seinen Webcams in Wallnau auf Fehmarn (QR-Code und Links finden Sie im Anhang. Bitte klicken Sie die Chronik an, wenn Sie Webcam-Fotos aus vergangenen Jahren sehen möchten). Allerdings funktioniert die Anlage an dunklen Wintertagen nicht, da die Solarkollektoren dann nicht genügend Strom einspeisen. Einen Blick auf die unzugängliche Kormoraninsel im Wallnauer Schutzgebiet empfehle ich auch Anglern und Fischern. Sie können dann besser verstehen, weshalb sich Vogelfreunde so sehr für den Kormoran einsetzen, wenn sie auch die vom NABU gefeierten Bruterfolge mit gemischten Gefühlen begleiten werden. Wie der NABU auf den Seiten schildert, die die Webcams begleiten, brüten seit mehreren Jahren Kormorane in Wallnau. In der Brutzeit 2017 wurden dort 200 Brutpaare gezählt. Die Kameras befinden sich jeweils am Rande zweier Teil-Kolonien am nördlichen und südlichen Ende der Insel. Eine weitere Kolonie hatte sich bereits 2013 an den Solarpanel im Zentrum der Insel gebildet. Neben Kormoranen hat der NABU auch andere auf der Insel brütende, rastende oder überwinternde Vogelarten im Fokus. Nach Ende der Brutzeit nehmen die ferngesteuerten Kameras das Rast- und Zuggeschehen in dem als EU-Vogelschutzgebiet ausgewiesenen ehemaligen Teichgut Wallnau ins Visier. Auch im Winter sind die Kameras aktiv: Den Internetnutzern wird damit an hellen Tagen die ganzjährige Beobachtung der Vögel ermöglicht.

Das Brutjahr 2018 war auf der Kormoran-Insel noch erfolgreicher als 2017. Insgesamt zählte der NABU rd. 350 Brutpaare, die zwischen 800 und 1.000 Jungvögel aufzogen. Bei einer Beringungsaktion am 1. und 23. Juni 2018 konnten insgesamt 440 Jungtiere markiert werden, davon 240 mit roten, dänischen Farbringen. Viele der neu hinzugekommenen Brutvögel kamen wahrscheinlich aus dänischen Kolonien. In diesen Kolonien soll der Brutbestand drastisch gesunken sein. Im September hatten die Kormorane die Insel weitgehend verlassen. Durch die große Trockenheit war die Brutinsel nun an das Festland angebunden. Der NABU rechnete damit, dass sie daraufhin regelmäßig Besuch vom Fuchs erhalten würde.

---

19 Herrmann, C. Zur Situation des Brutbestandes in MV

II. Das Kormoranmassaker im Anklamer Stadtbruch

Mit einem Anteil von 85 Prozent des nationalen Brutbestandes des Kormorans liegt der Verbreitungsschwerpunkt im norddeutschen Tiefland, vor allem in Mecklenburg-Vorpommern. Mit 3.934 Brutpaaren (2016) beherbergte das Naturschutzgebiet Peenemünder Haken nach Angaben der Vogelschutzwarte Seebach die bundesweit größte Kormorankolonie. Die Vogelschutzwarte verweist darauf, Kormorane im Binnenland seien vorzugsweise an größeren Gewässern wie zum Beispiel der Mecklenburger und Holsteinischen Seenplatte, im Bereich der Peenemündung, in der Uckermark, in der mittleren und unteren Havelniederung, im unteren Odertal, im Einzugsbereich der Spree, Saale und Mulde sowie in der Leipziger Tieflandsbucht im Bereich der Tagebaurestlöcher anzutreffen. Wie aus dem Kormoranbericht für Mecklenburg-Vorpommern 2017 hervorgeht, wurden in diesem Land insgesamt 20 Kolonien mit 13.753 Brutpaaren gezählt.

Der Brutbestand lag damit 1.875 Brutpaare niedriger als 2016. Insbesondere die Kolonien bei Peenemünde und im Anklamer Stadtbruch nahmen deutlich ab. In Anklam gibt es nach Angaben des Naturführers Günther Hoffmann heute keine Brutkolonie mehr. Die Brutbäume seien abgestorben und im Moor versunken. Aber das Fehlen einer Brutkolonie bedeutet nicht, dass es im Stadtbruch keine Kormorane gibt. Hoffmann hat im September 2018 16 000 an ihren Schlafplätzen gezählt.

Die frühere Anklamer Kolonie hat sich in den Polder Waschow/Wehrland am Peenestrom verlagert, die Kormorane sind nicht verschwunden. Dort waren nach dem von Christof Herrmann erstellten Arbeitsbericht 2017 2005 Nester besetzt. Herrmann schreibt seit Jahren im Auftrag des Landesamtes für Umwelt, Naturschutz und Geologie die Kormoranarbeitsberichte für Mecklenburg-Vorpommern. Der gesamte Brutpaarbestand schwankt nach seinen Beobachtungen in Deutschland auf einem Niveau von 20 000 bis 26 000 Brutpaaren[20]. Die Abnahme des Brutbestandes um 12 Prozent im Jahre 2017 betraf insbesondere die Küstenkolonien. Die Bestandsschwankungen in Deutschland folgen weitgehend den Schwankungen in Mecklenburg-Vorpommern. Dieses Bundesland beherbergt nach seiner Rechnung ca. 60 Prozent des deutschen Brutbestandes.

Der südöstlich von Anklam im vorpommerschen Landkreis Vorpommen-Greifwald gelegene Stadtbruch ist ein 1461 Hektar umfassendes Naturschutzgebiet (NG) in Deutschland. Welch eine Perle der Natur das NG ist, kann jeder auf der Facebook-Seite über den Stadtbruch sehen. Dort gibt es die Fauna und Flora im Jahresverlauf begleitende Fotos und Tiervideos zu bewundern.

Bevor das „Kormoranmassaker von Anklam im Jahr 2005" nachgezeichnet wird, soll mit dem NABU Schleswig-Holstein an die rechtliche Situation erinnert werden.

Die Vogelschutzrichtlinie der EU (EU-VRL) stellt den Kormoran seit 1979 europaweit unter Schutz. Heute unterliegt er dem Schutz als heimische Vogelart gemäß den Artikeln 2, 5 und 6 der Vogelschutz-Richtlinie. Als regelmäßig auftretender Zugvogel ist der Kormoran zudem in seinen Brut-, Rast- und Überwinterungsgebieten auch nach Art. 4 Abs. 2 geschützt, insbesondere in den Feuchtgebieten von internationaler Bedeutung nach der Ramsar-Konvention.

Nach § 52 Bundesnaturschutzgesetz (BNatSchG) ist der Kormoran eine besonders geschützte Art. Nach § 44 (1) BNatSchG ist es verboten, Kormorane zu töten oder in irgendeiner Art zu beeinträchtigen. § 45 Abs.7 BNatSchG ermöglicht es allerdings den nach Landesrecht zuständigen Behörden (in Schleswig-Holstein das Landesamt für Landwirtschaft, Umwelt und ländliche Räume (LLUR) in Flintbek), Einzelausnahmen bei erheblichen gemeinwirtschaftlichen (z. B. fischereiwirtschaftlichen) Schäden oder zum Schutz von heimischen Tier- und Pflanzenarten zu genehmigen. Da der Kormoran keine „streng geschützte" Art der EU-VRL ist, können Ausnahmen auch per Rechtsverordnung geregelt werden.

Die Ausnahmeregelung des §45 (7) BNatSchG fußt auf Art.9 EU-VRL, nach der Maßnahmen zur „Abwendung erheblicher Schäden an Fischereigebieten und Gewässern" oder zum Schutz der Pflanzen- und Tierwelt zulässig sind, wenn es keine andere wirksame Lösung gibt. Der Gesamtbestand der Kormorane darf dabei jedoch nicht gefährdet werden[21].

In der Arbeitsgruppe „Kormoran" in Mecklenburg-Vorpommern war nach Darstellung des Umweltministeriums im April 2005 unter anderem der Antrag der Fischergenossenschaft „Haffküste. E.G." zum Abschuss von Ästlingen im Anklamer Stadtbruch erörtert worden. Um den drastischen Anstieg des Kormoranbestandes in diesem Gebiet zu begrenzen, wurde durch das Landesamt für Umwelt, Naturschutz und Geologie eine Ausnahmegenehmigung zum Abschuss von Kormoranen erteilt. Diese Ausnahmegenehmigung erfolgte jedoch mit konkreten Auflagen für die Art und Weise des Abschusses. Danach waren folgende Auflagen einzuhalten: Es war nur der Abschuss von Ästlingen (noch

21 NABU Schleswig-Holstein

flugunfähige Jungvögel, die das Nest bereits verlassen hatten und auf den Ästen sitzen) gestattet. Die Tiere waren durch gezielten Einzelfangschuss zu töten (was den Einsatz von Schrot ausschließt).

Foto 3: *Viele Hundert Kormorane vom Brutgebiet Peenemünder Haken bevölkern die südliche Mole der Insel Ruden, die angrenzenden Buhnen und die Sandbänke, lediglich in der Mitte der Mole gibt es eine 20 m breite freie Stelle. Das ist der Stammplatz des Seeadlers, dem sich die Kormorane nicht weiter nähern. (Quelle: Wikipedia)*

Der Beschuss durfte auch nur bei solchen Lichtverhältnissen erfolgen, die ein zweifelfreies Erkennen und die Nachsuche verletzter sowie das Bergen der getöteten Tiere zuließen. Es durfte nur auf Tiere geschossen werden, die letztlich auch geborgen werden können, notfalls seien entsprechend abgerichtete Jagdhunde einzusetzen.

Es wurden mehr als 6 000 Kormorane abgeschossen. Als eine Urlauberin aus Berlin von einem Radweg die Überreste des Anklamer Massakers entdeckt hatte, alarmierte sie Behörden und Umweltverbände. Das Geschehen wurde in einem Post auf Vogelforen geschildert. Sie berichtete davon, dass überall tote Junge herumgelegen hätten, zwischen den Bülten (kugelförmige Erhöhung, der Autor) seien angeschossene Kormorane herumgehüpft. „Ein Bild des Grauens!!!!"

Ab und zu seien junge Kormorane von den Bäumen gefallen, die vor Hunger auf den glatten Ästen der Eichen den Erwachsenen entgegenkrabbelten. Graureiher hätten sich auf die hilflosen Jungen gestürzt und sie zerfetzt.

Der NABU protestierte gegen die Massentötungen. Der Abschuss der Kormorane sei behördlich nicht kontrolliert worden. Die Jäger hätten nicht nur gegen Naturschutzrecht, sondern auch gegen das Jagd- und Tierschutzgesetz sowie gegen behördliche Auflagen verstoßen. Denn zum einen seien die Tiere nicht gezielt getötet, sondern nur angeschossen worden, zum anderen seien auch Altvögel getötet worden, sodass deren Junge unversorgt zurückgeblieben seien. Alle Vögel seien schließlich qualvoll verendet. Dieses Gemetzel sei durch die EG-Vogelschutzrichtlinie eindeutig nicht gedeckt, meinte der NABU Europaexperte Claus Meyer und kündigte an, den Fall der EU-Kommission in Brüssel zu melden.

Der NABU forderte alle Naturfreude auf, an den Umweltminister von Mecklenburg-Vorpommern, Prof. Dr. Wolfgang Methling, eine Protestmail zu schreiben. Der Minister solle künftig keine Erlaubnis für Vergrämungsmaßnahmen in Naturschutzgebieten und EU-Vogelschutzgebieten mehr erteilen. Innerhalb weniger Tage schickten nach Angaben des NABU mehr als 1100 empörte Naturfreunde Protestmails allein über die NABU-Seite an Landesumweltminister Wolfgang Methling.

In der Pressemitteilung des Umweltministeriums vom 7.7.2005 bedauerte der Minister das Geschehen, kündigte den Stopp von Kormoranabschüssen an und räumte ein, die behördlichen Feststellungen hätten erhebliche Anhaltspunkte dafür ergeben, dass offenbar gegen Auflagen beim Abschuss verstoßen worden sei. Weitere Ausnahmegenehmigungen sollten nicht mehr erteilt werden.

Im Auftrag des Umweltministeriums bat das Landesamt für Umwelt, Naturschutz und Geologie den zuständigen Landkreis Ostvorpommern, ein Ordnungswidrigkeitverfahren wegen Verstoßes gegen die in der Genehmigung erteilten Auflagen einzuleiten. Die Pressemitteilung kündigte an, sollten sich bei den Ermittlungen Anhaltspunkte für ein strafrechtliches Verhalten ergeben, würde diesen selbstverständlich nachgegangen und wenn nötig, die Staatsanwaltschaft eingeschaltet. Methling äußerte Verständnis für die Proteste von Natur- und Umweltverbänden sowie von Privatpersonen aus dem In-und Ausland, verwahrte sich jedoch gegen die Unterstellung, im Tourismusland Mecklenburg-Vorpommern fänden wilde Vogelmassaker statt. Mecklenburg-Vorpommern sei kein Land des Vogelmordes, sondern bleibe ein Land des Vogelschutzes.

Der NABU begrüßte das Abschuss-Moratorium, verwies aber darauf, dass der Grundkonflikt bestehen bleibe, denn die Landesregierung sei auch weiterhin für eine Bestandsregulierung mit der Flinte. Man sei lediglich über die künftige Durchführung der Tötungen gesprächsbereit. Damit könne der NABU nicht einverstanden sein. Am 5. August 2005 erklärte der NABU-Mecklenburg-Vorpommern die Protestaktion zunächst für beendet und bedankte sich bei den nun über 1600 Naturfreunden, die sich daran beteiligt hatten.

Wie wurde der Auflagenverstoß bei der Massentötung geahndet? Wie der Nordkurier[22] berichtete, forderte das Landratsamt Anklam ein Bußgeld gegen die Fischereigenossenschaft Haff/Küste. Sie hatte elf Jäger aus dem Uecker-Randow-Kreis mit dem Abschuss beauftragt. Begründet wurde der Bußgeldbescheid über 8 000 Euro mit dem nicht genehmigten Abschuss von Jungtieren, die noch in ihren Nestern saßen. Norbert Kahlfuß vom Verband der Kutter- und Küstenfischer erklärte auf der Kormoran-Fachtagung des BfN 2006 in Stralsund, wenn man sich das Schreiben des Landratsamtes anschaue, könne man sehr schnell zu der Vermutung kommen, dass die Genehmigung nur erteilt worden sei, um zu beweisen, dass ein Eingreifen in die Kolonie nicht vertretbar sei. Kahlfuß: „Man hat sich natürlich abgesichert, damit die Schuld ausschließlich beim Antragsteller zu suchen ist".

Er zitierte aus der Protokollnotiz: „Es wird auf die natürlichen Gegebenheiten ... hingewiesen, insbesondere darauf, dass der Standort der meisten Nestbäume im Wasser und Sumpf das Bergen geschossener Ästlinge und das schnelle Töten möglicherweise nur angeschossener Tiere erschwert.[23]"

Man wisse also, dass man an die Bäume nicht herankomme und schon gar nicht an die Nester („das ist übrigens ein Grund, warum generell keine Manipulation der Eier durch Öl oder Ähnliches als möglich angesehen wird – die Bäume können morsch sein") – trotzdem sei eine Genehmigung erteilt worden. Er verwies auf seiner Ansicht nach weitere Ungereimtheiten. Die beste Art der Verständigung und eine gute Basis künftiger Zusammenarbeit wäre die Niederschlagung der Gerichtsverhandlung.

Die Fischereigenossenschaft wehrte sich gegen die Höhe des Bußgeldes von 8 000 Euro. Es sei unangemessen und für die Mitglieder der Genossenschaft unfinanzierbar, argumentierte deren Anwalt. Dieser verwies darauf, dass es eine genehmigte Aktion gewesen sei. Beim Abschuss sei auch besonders auf das Alter der Tiere geachtet worden. Die Fischereigenossenschaft bestritt, dass die Auflagen nicht beachtet worden seien. Es fand ein Rechtsgespräch vor dem Amtsgericht Anklam statt. Um eine umfangreiche und teure Beweisaufnahme in dem Verfahren zu vermeiden, dessen Ausgang nach Ansicht der Richterin Anja Hoffman völlig offen gewesen sei, einigten sich die Parteien auf einen Vergleich. Eine

---

22 Nordkurier vom 20.12. 2006. Die Darstellung folgt weiteren Berichten im Nordkurier
23 BfN-Fachtagung Kormoran, a. a. O.

Verhandlung wurde nicht eröffnet. Das Bußgeld reduzierte die Richterin Ende April 2007 auf 3 000 Euro[24]. Von staatsanwaltschaftlichen Ermittlungen wurde nichts bekannt.

Christof Herrmann verwies auf der BfN-Fachtagung 2006 darauf, der Ästlingsabschuss stelle aus ethischer und tierschutzrechtlicher Sicht eine äußerst problematische Maßnahme dar. § 1 Satz 2 TierSchG verbiete die Tötung von Tieren ohne vernünftigen Grund. Der Schutz der Tiere sei seit der Ergänzung des Artikels 20a GG im Jahr 2002 auch Staatsziel.

Dies gelte vor allem auch angesichts des bislang fehlenden Schadensnachweises durch den Kormoran an Küsten- und natürlichen Binnengewässern und der offensichtlich geringen Wirksamkeit des Ästlingsabschusses. Herrmann: „Aufgrund der ethischen und rechtlichen Fragwürdigkeit sowie der fehlenden Akzeptanz in der Öffentlichkeit sollte der Ästlingsabschuss als Managementmaßnahme nicht mehr in Erwägung gezogen werden.“

24 Nordkurier vom 26.4.2007

III. Ein Entspannungsversuch

Ende September 2006 fand in Stralsund die Fachtagung „Kormoran" statt. Sie wurde gemeinsam vom Bundesamt für Naturschutz (BfN) und dem Deutschen Meeresmuseum ausgerichtet. Mehr als 160 Wissenschaftler sowie Vertreter der Fischerei und des Naturschutzes diskutierten zwei Tage intensiv über die Bestandsentwicklung des Kormorans und die Auswirkungen auf Fischbestände und die Fischerei in Deutschland und Europa.

Die Tagung war ein Versuch, die nach dem Kormoranmassaker von Anklam aufgeheizte Stimmung abzukühlen und den Kormorankonflikt zu versachlichen. Professor Dr. Hartmut Vogtmann, Präsident des Bundesamtes für Naturschutz, erklärte in seinem Vorwort, auch heute böten die Auswirkungen der Kormorane auf die Fischbestände Stoff für engagierte und teilweise hochemotionale Auseinandersetzungen zwischen Berufs- und Sportfischern sowie Naturschützern. „In diesem Konflikt schreiben und sprechen alle Beteiligten zu oft übereinander." Es sei ein wichtiges Ziel der Fachtagung, ein öffentliches Forum für das Gespräch miteinander zu bieten.

Auch der Staatssekretär im Umweltministerium Mecklenburg-Vorpommern, Dr. Harald Stegemann, bedauerte in seinem Grußwort, beim Thema Kormoran kämen schnell überschäumende Emotionen, lang gepflegte Vorurteile oder gar Feindbilder zum Tragen. Der Kormoran gehöre zu den Vogelarten, die aufgrund der weitgehenden Einstellung der massiven Verfolgung durch den Menschen und vermutlich auch aufgrund der Verringerung der Belastung der Nahrungskette mit Umweltgiften in den letzten Jahrzehnten eine exorbitante Bestandsentwicklung genommen habe. Während positive Populationsentwicklungen z. B. beim See- und Fischadler oder auch beim Kranich im Allgemeinen uneingeschränkt begrüßt würden, erzeugten sie beim Kormoran gegensätzliche Reaktionen: Naturschützer sähen in der Zunahme des Kormorans überwiegend die erfreuliche Bestandserholung einer einstmals bedrohten Art. Fischer und Angler dagegen fürchteten um die Fischbestände, die für die einen die Erwerbsbasis und für die anderen Grundlage für ihr Hobby seien.

Während die einen weitestgehend dafür plädierten, der Natur ihren (freien) Lauf zu lassen, forderten die anderen eine drastische Reduzierung der Kormorangesamtbestände.

Eine hochemotionale, von Feindbildern bestimmte Auseinandersetzung bezeichnete Stegemann als nicht zielführend. Die Debatte bedürfe einer praktikablen Rationalität. Dafür sollte ein wissenschaftliches Kolloquium günstige Voraussetzungen bieten. …

Wurde das Ziel der Tagung erreicht? Folgt man der Pressenotiz der Veranstalter, war das nur zum Teil der Fall. Bei den Tagungsteilnehmern bestand Einverständnis darin, dass lokale Managementmaßnahmen nicht geeignet seien, um die Entwicklung der Kormoranpopulation nachhaltig zu beeinflussen. Eine Reduktion der Kormoranbestände wäre nach Ansicht von Experten nur auf europäischer Ebene möglich. „Dies wurde von Naturschutzvertretern mit Verweis auf die europäische Gesetzgebung zurückgewiesen. Von deutscher Fischereiseite wurde eine Reduktion der Kormorane auf 50 Prozent des heutigen Bestandes gefordert. Es konnte kein Konsens zwischen der Fischerei- und Naturschutzseite gefunden werden, ob Populationseingriffe in dieser Höhe mit der EU-Vogelschutzrichtlinie vereinbar sind und eine entsprechende politische und gesellschaftliche Akzeptanz finden".

Als weiteres Ergebnis der Tagung sei deutlich geworden, dass der Einfluss von Kormoranen auf Fischbestände in verschiedenen Regionen Deutschlands differenziert betrachtet werden müsse. Während Kormorane in Teichwirtschaften und kleinen Mittelgebirgsbächen erhebliche fischereiwirtschaftliche Schäden anrichten könnten, seien erhebliche Auswirkungen auf die Fischgemeinschaften in Seen und Küstengebieten wissenschaftlich nicht nachweisbar.

Wie es weiter in der Pressenotiz heißt, wurden als konkrete Ergebnisse der Tagung von Fischereivertretern und Naturschutzorganisationen beschlossen, die Datengrundlange durch gemeinsame Zählungen des Kormoranbestandes, Untersuchungen zur Nahrungsökologie des Kormorans und wissenschaftliche Literaturstudien zu verbessern. Trotz kontroverser Standpunkte sei vereinbart worden, vergleichbare Veranstaltungen in regelmäßigen Abständen durchzuführen und den konstruktiven Dialog zwischen Fischerei und Naturschutz fortzusetzen.

Wie konträr die Standpunkte blieben, konnten die Zuhörer schon bei dem Vortrag von Peter Mohnert, Präsident des Verbandes deutscher Sportfischer, ahnen. Er beklagte die weitgehende Ausgrenzung der Anglerverbände und ihrer Erfahrungen aus den Forschungsvorhaben und setzte deshalb ein Fragezeichen hinter die Validität ihrer Ergebnisse.

Unter Berücksichtigung der von ihm dargestellten Fakten als auch unter Einbeziehung der sehr vielen wissenschaftlichen Arbeiten und Erkenntnisse dürfte heute kein ernstzunehmender Wissenschaftler mehr den enormen Einfluss des

Kormorans, partiell auch den bestandsbedrohenden Einfluss auf diverse Arten und wesentliche Teile des Ökosystems bezweifeln, meinte Mohnert. „Was aber geschieht? Hinter der Komplexität aquatischer Ökosysteme verstecken sich nach wie vor eine Reihe von so genannten Wissenschaftlern, die solide, nachweisbare und unbestreitbare Ergebnisse anderer Wissenschaftler auf keinen Fall anerkennen wollen". Ob hier der Drang nach Steuergeldern zur Bezahlung der Beschäftigung oder die Verbohrtheit in ein nicht mehr haltbares Ziel Intention sei, könne fast vernachlässigt werden, denn die Problematik habe sich diesbezüglich ohnehin von der wissenschaftlichen Basis zur politischen Anschauung entwickelt. RED- und INTERCAFE sowie eine ganze Reihe weiterer COST-Projekte ließen grüßen. Das permanente Verleugnen von Tatsachen, die Unterdrückung von Fakten und die grob fahrlässige oder gar vorsätzliche Veröffentlichung von zwar nicht haltbaren, aber in die politische Landschaft passenden pseudowissenschaftlichen Darstellungen hätten zur Verhärtung der Fronten geführt. Vertrauen sei ein Fremdwort geworden und die immer wieder in die Debatte eingeworfene Forderung nach gegenseitiger Toleranz und einem vernünftigen Konsens sei nicht mehr als eine Worthülse, die, da Zeit verstreiche, die bedrohten Arten weiter schädige.

Naturgesetze, und um ein solches handele es sich hier, seien nicht konsensfähig, weil sie kategorisch seien! Damit seien nicht neue Untersuchungen, sondern politische Entscheidungskraft sei erforderlich.

Mohnert appellierte an die Teilnehmer und Politiker: „Lasst uns nicht über vermutlich mehr als 500 Tonnen Fisch pro Tag oder fast 190 000 Tonnen Fisch pro Jahr sprechen, die durch den bisherigen Bestand der Kormorane dem Bio-Kreislauf entzogen werden. Lassen Sie uns wahrheitsgemäß darüber sprechen, welche Lösungsansätze es gibt. Lassen Sie uns gemeinsam versuchen, neues Vertrauen aufzubauen, lösen wir uns aus unseren Lagern und versuchen, gemeinsam unserer Verantwortung, die wir nicht nur gegenüber Vögeln, sondern auch jeder anderen Kreatur gegenüber haben, also auch gegenüber den Fischen, gerecht zu werden".

Die Zeitschrift FliegenFischen[25] reagierte überaus kritisch auf die Veranstaltung. Ihren Bericht über die Tagung versah sie mit der Überschrift: „Kormoran-Tagung in Stralsund- eine völlig sinnlose Veranstaltung!"

In dem Artikel wird berichtet, es herrsche Fassungslosigkeit unter Anglern, Kopfschütteln und Unverständnis. Ernst Labbow, Präsident des Landessportfischerverbandes in Schleswig Holstein, Verbandsgeschäftsführer Dieter Bohn und Justitiar Robert Vollborn schlügen vor, dass der Bundesrechnungshof den Sinn dieser Veranstaltung kritisch untersuche. Sollte sich dabei herausstellen, dass sie eigentlich überflüssig gewesen sei, da es sich beim Kormoran um keine gefährdete Tierart handele, so sollten die beiden Tage den Mitarbeitern öffentlicher Einrichtungen als Urlaub angerechnet werden und die Reisekosten und Spesenbelege vom Gehalt abgezogen werden. Auf eine Lockerung der Fronten ließen derartige Reaktionen nicht schließen.

Blickpunkt: Der Zug der Wallnau-Kormorane

Die Jungvögel 2018 wanderten bereits seit Anfang August ab. Ein Wallnau-Jungvogel hatte Swinemünde erreicht. Es war der erste Wallnau-Vogel in Polen. Ein anderer war zur selben Zeit an der Westküste Dänemarks gesichtet worden. Der NABU rechnete im Spätsommer 2018 damit, dass kurz darauf weitere Beobachtungen seiner Kormorane aus Frankreich und den Niederlanden gemeldet würden. Die Wattenmeerküste Niedersachsens hatte ebenfalls Kormoranbesuch aus Wallnau erhalten.

Beobachtungen in anderen Jahren hatten gezeigt, wie unterschiedlich sich die Jungkormorane verhielten. Während sich noch größere Gruppen von Jungvögeln am Schlupfort aufhielten, hatten andere bereits entfernte Länder erreicht. Ein im selben Jahr geborener Kormoran aus Wallnau hielt sich schon Anfang August in den Niederlanden auf, ein anderer war Ende September in Nordspanien. Der Wallnauer Kormoran A628 folgte ihm. Er hatte auf dem Weg in den Süden am 11. Oktober 2017 die Stadt Bilbao erreicht. Zwei noch nicht einmal ein Jahr alte beringte Wallnauer Jungtiere wurden im Herbst an unterschiedlichen Abschnitten der Ostküste Englands „abgelesen". Dagegen blieben andere Jungvögel bis Mitte November 2017 in Wallnau, wieder andere schlugen ihr Winterquartier in der Lübecker Bucht auf. Kormorane sind Teilzieher, fasst der NABU Schleswig-Holstein seine Beobachtungen zusammen: ein Teil sucht südliche Quartiere bis Nordafrika auf, andere harren dagegen in der Nähe ihrer Brutstätten aus. (Auf der EU-Kormoranplattform wird die Fluggeschwindigkeit mit 54 Kilometern in der Stunde angegeben. Der Kormoran kann ohne Unterbrechung 600 km fliegen. Der Autor). A629 hatte es im Ende August 2017 im Zuge der Zerstreuungswanderung zunächst nach Südschweden verschlagen, also entgegen der eigentlichen Abzugsrichtung Südwest.

Die Rückkehr der Kormorane aus ihren Winterquartieren erfolgte in einigen Jahren früh. Die ersten, auffallend prächtig gefärbten Kormorane waren ab Mitte Februar 2014 in der Kolonie. Am 21. Februar besetzte ein Männchen erstmals ein Nest in einem Strauch im Norden der Insel. Am 25. März 2014 wurde unter den anwesenden Tieren der erste in Wallnau beringte Kormoran entdeckt. Spätestens am 10. April lagen die ersten Eier in den Nestern. Die ersten kleinen Jungvögel konnten Anfang Mai beobachtet werden

IV. Eskalation: Erklärung zum Vogel des Jahres provoziert die Angler

Seit 1971 küren der Naturschutzbund Deutschland (NABU) und der Landesbund für Vogelschutz in Bayern (LBV) einen Vogel des Jahres. Die Naturschutz- und Vogelschutzorganisationen wollen mit der jährlichen Ausrufung eines Kandidaten auf die Gefährdung der Tiere und Lebensräume aufmerksam machen. Seit dem Jahr 2000 wird der vom NABU gekürte Vogel des Jahres durch Bird-Life Österreich übernommen. Warum ein so heftig umstrittener Vogel wie der Kormoran der Vogel des Jahres 2010 wurde, begründeten der NABU und LBV nach ihrer Pressemitteilung so:

„NABU und LBV haben den Kormoran zum „Vogel des Jahres 2010" gewählt. Die Verbände wollen sich damit für den Schutz des Kormorans einsetzen, der nach seiner Rückkehr an deutsche Gewässer wieder zu Tausenden geschossen und vertrieben wird. Unter dem Vorwand eines Kormoran-Managements haben nahezu alle Bundesländer spezielle Kormoran-Verordnungen erlassen, die den bestehenden Schutz der Vögel untergraben", erklärte NABU-Vizepräsident Helmut Opitz. „Diese Verordnungen erlauben die flächendeckende Tötung von Kormoranen unabhängig von einem Schadensnachweis an Fischbeständen selbst in Naturschutzgebieten, teilweise sogar ausdrücklich während der Brutzeit. Die Bilanz ist beschämend: Jedes Jahr werden in Deutschland wieder rund 15.000 Kormorane getötet", so Opitz.

„Jahrzehntelang war der Kormoran (Phalacrocorax carbo) aus Deutschland so gut wie verschwunden – das Ergebnis intensiver Verfolgung durch Fischer und Angler. Erst nach konsequentem Schutz durch die EG-Vogelschutzrichtlinie (1979) leben in Deutschland heute wieder rund 24 000 Brutpaare, davon mehr als die Hälfte in großen Kolonien nahe der Küste. Ihre Zahl hat sich in den letzten Jahren stabilisiert. Die Rückkehr des Kormorans ist ein Erfolg für den Vogelschutz, auf den wir stolz sein können", betonte der LBV-Vorsitzende Ludwig Sothmann. Berufsfischer und Angler versuchten jedoch, die Vertreter von Politik und Behörden von angeblich massiven wirtschaftlichen Schäden und der Bedrohung einzelner Fischarten durch den Vogel zu überzeugen. „Doch Kormorane vernichten keine natürlichen Fischbestände und gefährden langfristig auch keine Fischarten. Vielmehr kommt es darauf an, sich für die ökologische Verbesserung unserer Gewässer einzusetzen - damit alle Fische und Wasservögel Raum zum Leben haben", so Sothmann. Aus Sicht von NABU und LBV sollten Fisch fressende Vogelarten wie der Kormoran als natürlicher Bestandteil unserer Gewässerökosysteme akzeptiert werden.

In der Begründung für die Kür zum Vogel des Jahres hieß es weiter, die 80 bis 100 Zentimeter großen und zwischen zwei bis drei Kilo schweren Vögel fingen bevorzugt Fische, die sie ohne großen Aufwand erbeuten können - sie seien Nahrungsopportunisten. Darum stünden vor allem häufige und wirtschaftlich unbedeutende „Weißfische" wie Rotaugen, Brachsen und andere Kleinfische auf ihrem Speiseplan, die besonders in nährstoffreichen Gewässern in großen Mengen vorkommen. „Edelfische" wie Felchen oder Äschen machten wissenschaftlichen Untersuchungen zufolge nur geringe Anteile ihrer Nahrung aus.

NABU und LBV lehnten eine flächendeckende Regulierung der Kormoranbestände grundsätzlich ab. „Denn es gebe Alternativen. Eine zeitgemäße Strategie sei die Schaffung von Ruhezonen". So würden die Wasservögel an Orte gelenkt, an denen sie sich von reichhaltigen Fischbeständen ernähren könnten – dazu zählten größere Stillgewässer und Flüsse ebenso wie die Küste. Dadurch verringere sich der Druck auf Fischzuchtanlagen oder die Rückzugsräume seltener Fischarten.

An Fischzuchtanlagen beziehungsweise in Zentren der Teichwirtschaft könnten gebietsweise Probleme durch den Kormoran auftreten. Dort müssten gemeinsam vor Ort Lösungen gefunden werden, wirtschaftliche Schäden durch Kormorane zu verhindern, ohne den natürlichen Bestand der Vogelart erneut zu gefährden. Fischteiche könnten beispielsweise durch das Überspannen mit weitmaschigen und gut sichtbaren Drahtnetzen sowie durch optisches und akustisches Vertreiben wirksam geschützt werden.

„Wir möchten zeigen, was getan werden kann, um Kormoranen und Fischern eine Zukunft an unseren Gewässern zu sichern. Der Umgang mit dem Kormoran ist ein Prüfstein für einen umsichtigen Artenschutz in Deutschland und Europa", so die Verbände.

Der NABU verwies ergänzend darauf, dass der Kormoran auf der Abschussliste stehe und er immer noch rigoros verfolgt würde. Zu Tausenden würden die Kormorane nun wieder verfolgt. Europaweit ließen sich zuletzt mehr als 80 000 Abschüsse pro Jahr registrieren, davon rund 30 000 in Frankreich und 15 000 in Deutschland (siehe Opitz) …

Bei der Bekämpfung nehme Deutschland damit schon Platz zwei unter 21 EU-Ländern ein. Bejagt würden entweder die winterlichen Bestände – in Bayern würden hierbei regelmäßig zwischen 3.000 und 8.000 Kormorane sterben – oder es fänden massive Eingriffe in Brutkolonien statt. Zu den bisher größten Bekämpfungsaktionen zählten das „Kormoran-Massaker von Anklam" im Juni 2005 und die Nacht- und Nebel-Aktion im Radolfzeller Aachried (Bodensee) im April 2008, bei der die brütenden Vögel mit Scheinwerfern von ihren Nestern vertrieben worden seien. Viele Eier seien in der kalten Nacht abgestorben.

Die Verfolgung hat jedoch nach Ansicht des NABU oftmals den gegenteiligen Effekt, da Kormorane aus benachbarten Gebieten zuwanderten und die Bestände wieder auffüllten. Abschüsse führten auch zur Abspaltung und Bildung neuer Kolonien. Die Vergrämung von Kormoranen erhöhe außerdem deren Energiebedarf, wodurch die Vögel nur noch mehr fressen müssten. „Nicht zuletzt beeinträchtigen solche Aktionen wahllos andere, störungsempfindliche Arten. Mit dem Natur- und Artenschutz (§ 44 Abs. 1 Nr. 1 Bundesnaturschutzgesetz) sind solche Praktiken nicht vereinbar".

Der LBV äußerte sich ähnlich. Auch er bestritt, dass der Kormoran Schuld an den abnehmenden Erträgen in der Fischereiwirtschaft hat. Die Hauptgründe dafür seien die schlechte Gewässerstruktur, die geringe Qualität von Laichgebieten, Boden- und Schadstoffeinträge und gelegentlich die unsachgemäße Bewirtschaftung von Gewässern. „So können zum Beispiel künstliche Besatzmaßnahmen das Fischartengefüge stören und das Überleben schutzbedürftiger Arten erschweren. Auch haben in vielen Gewässern heimische Fischarten Probleme mit neu eingewanderten oder eingeschleppten Fischarten".
Allerdings konzedierte er, es könnten Schäden an Teichwirtschaften entstehen, die als Wirtschaftsbetriebe zur Fischzucht und Fischmast angelegt wurden und verwies seinerseits auf vorbeugende Maßnahmen wie das Überspannen (siehe Kapitel VIII NABU/LBV Position) hin.
Der Landesfischereiverband Baden-Württemberg sah in der Wahl des Kormorans zum Vogel des Jahres eine Provokation der Angler und Fischer. Er begründete seinen Aufruf zu einer Großdemonstration am Samstag, den 20. März 2010 in Ulm gegen den nach seiner Meinung maßlosen Kormoranschutz der Naturschutzverbände so: „Die Angler werden unter dem Motto „Das Schweigen hat ein Ende – Fischer halten nichts vom Kormoranschutz!" auf die Straße gehen. Der NABU und der LBV haben den Kormoran zum Vogel des Jahres erklärt und überfluteten die Öffentlichkeit mit Fehlinformationen, hieß es in einer Presseerklärung. Es liege jetzt an uns, die Öffentlichkeit auf die wahren Zustände an unseren Gewässern aufmerksam zu machen. „Wir haben alle Ar-

gumente auf unserer Seite, wir müssen uns jetzt auch das nötige Gehör verschaffen! Am 20. März veranstalten der NABU Deutschland und der LBV ihr Artenschutz-Symposium zum Vogel des Jahres in Ulm am Münsterplatz. Diese Gelegenheit wollen wir nutzen, um auf unsere Anliegen und Interessen hinzuweisen. Aus diesem Grund veranstalten wir eine Großkundgebung, zu der alle Fischer Deutschlands und der Nachbarländer aufgerufen sind.“

Auf der Kundgebung sollten sprechen: P. Mohnert, Präsident des Verbandes Deutscher Sportfischer (VDSF), Dr. C. Proske, Präsident des Verbandes Deutscher Binnenfischer (VDBI), Vertreter der Fischereiverbände aus Frankreich, Schweiz und Bayern sowie G. Riegger, Vizepräsident des Landesfischereiverbandes Baden-Württemberg. Auf der Webseite „Aktion Kormoran“ des Verbandes gibt es Downloads zur Schadensminimierung durch Netze, Vergrämung und Management.

Der Zorn der Angler wird nachvollziehbar, wenn man im Internet verfügbare Videodokumentationen oder die Fotodokumentationen des Polizisten und Naturfotografen Silvio Heidler aus dem Großraum Gera ansieht (Links: siehe Anhang). Heidler[26] sieht viele Aussagen, die 2010 vom NABU bei der Erklärung des Kormorans zum Vogel des Jahres gemacht wurden, durch seine Beobachtungen und Fotos als widerlegt an. Heidler: „Wer einmal gesehen hat, wie 200 Vögel einen Fluss leer fressen, der kann jeden Angler verstehen. Und unumstritten ist auch der negative Einfluss der Vögel auf geschützte und seltene Fischarten. Einzelne Vögel sind kein Problem, aber massenhaft sind Kormorane eine Bedrohung und sogar eine Plage.[27]“ Der keinem Lager verpflichtete Naturfotograf vertritt den bekannten Standpunkt, dass Abschüsse nichts brächten, weil er das komplexe Leben der Kormorane kenne und die Abschüsse eigentlich sogar das Gegenteil bewirkten. Die übrigen Vögel verbrauchten mehr Energie und würden noch mehr Fische fressen. Auch würden die entstehenden Lücken schnell gefüllt.

Wie die Anglermagazine „Blinker“ und „Fisch&Fang“[28] berichteten, nahmen etwa 6 000 Angler, Teichwirte und Berufsfischer aus dem ganzen Bundesgebiet sowie aus den benachbarten Ausland an der Protestdemonstration gegen den nach Meinung der Verbände überzogenen Kormoranschutz teil. Sie waren mit mehr als 200 Bussen angereist. „Fisch&Fang“ verwies auf die zahlreichen mitgebrachten Plakate: „Sehr deutlich wurden auf Transparenten, Spruchbändern und übergroßen Fotos die schweren, durch den ausgeuferten Kormoran-

---

26 Schriftwechsel mit dem Autor
27 Schriftwechsel mit dem Autor

  28 24.3.2010

bestand verursachten Schäden den Ulmer Bürgern und den vielen Touristen vor Augen geführt". Der „Blinker" schrieb: „Auf ihren Transparenten und Plakaten war zu erkennen, dass sie wegen der Arroganz und der Gleichgültigkeit der Vogelschützer nach Ulm gereist waren. Nicht dem Kormoran als Lebewesen galt ihr Zorn, denn schließlich könne der Vogel nichts dafür, dass er Fische fresse. Ihr Protest galt der Verantwortungslosigkeit eines überzogenen Vogelschutzes. „NaBu Buh …, lautete der Spottgesang, der über den Münsterplatz tönte. Angler forderten ein vernünftiges Kormoranmanagement".

Peter Mohnert, Präsident des VDSF, forderte nach dem Bericht die Politiker auf, endlich einen vernünftigen Weg einzuschlagen, ein Kormoranmanagement auf die Beine zu stellen und auch Eingriffe in die Brutkolonien zuzulassen. Mohnert: „Die Lösung des Kormoranproblems kann nicht in den Ländern, sondern muss in Brüssel seinen Anfang haben. Die Politik ist lange genug falschen Propheten aufgesessen, die über die wirkliche Bedrohung der Fischbestände durch den Kormoran einfach nur die Unwahrheit verbreiteten."

Die Verluste für Teichwirte, konstatierte der „Blinker" seien nicht mehr tragbar. Günter Markstein, Präsident des Deutschen Anglerverbandes, appellierte „in seiner leidenschaftlichen Rede an die Politik, den weiteren Ruin der Fischerei zu stoppen. Vom Jubel der Fischer mehrmals unterbrochen, rief er den Verantwortlichen zu: „Wir wollen endlich Taten sehen."

Sehr fachlich orientiert habe Dr. Christian Proske die verzweifelte Lage der Teichwirtschaft aufgezeigt, „die auf unerträgliche Weise unter den Kormoranen leidet. Ohne Abhilfe werden viele Berufskollegen ihre Teiche nicht länger bewirtschaften können. „Wir Berufsfischer wollen nicht Opfer einer verfehlten Vogelschutzpolitik werden", so Proske, „unsere Reserven und unsere Geduld sind aufgebraucht." Die vom Kormoran verursachten Verluste in den Binnengewässern ließen sich nicht mehr ausgleichen.

Proske stellte nach dem Fisch&Fang-Artikel „die Alibivorschläge der Naturschützer als das heraus, was sie in Wirklichkeit seien: unrealistisch, teilweise technisch nicht durchführbar oder zu teuer und vollständig am Problem vorbeigehend und zudem in vielen Teilen unwahr.

„Fisch&Fang" zog dieses Resümee der Großdemonstration: „Alle Redner erhielten für ihre klaren, offenen Worte, für die klar formulierten und begründeten Forderungen sowie die schonungslose Darstellung der Realität an unseren Gewässern immer und immer wieder tosenden Beifall. Der klare Tenor der Demonstration: der Kormoran … habe seine Daseinsberechtigung wie alle anderen Lebewesen auch, aber wenn eine Art beginnt, eine andere Art auszurotten, dann muss eingegriffen werden. Was auch bei den Naturschützern als völlig unproblematisch gilt, den Bestand an Schwarzwild, Reh, Fuchs und anderen Arten, die im Bestand ausgeufert sind, zu regulieren, das muss auch für den Kormoran gelten: Tierschutz darf nicht an der Wasserlinie aufhören!".

Laut einem Bericht der Schwäbischen Zeitung hielten beide Streitparteien auch nach der Demonstration an ihren konträren Positionen fest: „Die Fischer sind der Meinung, dass der Kormoran ihnen die Fische wegfrisst und fordern die Regulierung der Bestände. Dies lehnte der zeitgleich in Ulm tagende Naturschutzbund NABU erneut entschieden ab. Der Kormoran rotte keine Fischarten aus. Der NABU rief die Fischer zur Rückbesinnung auf den Artenschutz auf.

Schon einige Wochen zuvor hatten nach Zeitungsberichten mehrere hundert Angler und Fischer aus Deutschland und der Schweiz in Radolfzell am Bodensee anlässlich der vom NABU und dem BUND veranstalteten Naturschutztage gegen den Kormoran protestiert. Sie hatten ihren Protest in diese Grabrede gekleidet[29]:

„Wir sind heute zusammengekommen, um hier bei den Naturschutztagen des Nabus die Äsche zu Grabe zu tragen. Die Äsche ist eine empfindliche Fischart, das hat selbst der Nabu erkannt. Doch er meint, ihren Rückgang ausschließlich durch Gewässerverbesserungen in den Griff bekommen zu können, der Kormoran sei unschuldig. Wir Fischer wissen es besser".

Die Äsche lebe und vermehre sich nur dort, wo die Bedingungen gut für sie seien. Viele Jahre, viel Geld und viel ehrenamtliche Arbeit seien nötig gewesen, um die Äsche überall im Land wieder heimisch zu machen. – „Alles umsonst? Das Besatzmaterial stammte oft von hier."

Bis vor wenigen Jahren sei die Äsche hier am See noch häufig anzutreffen gewesen. Jetzt verschwinde sie, obwohl sich die Gewässerbedingungen nicht verschlechtert hätten, nur der Kormoran sei an den See gekommen. Der hiesige Äschenbestand sei mittlerweile stark gefährdet. „Wenn nicht schnell etwas getan wird, wird es bald keine Äschen mehr geben. Doch die Zahl der Kormorane nimmt weiterhin stetig zu. Der Nabu nutzt seine ganze Macht, um ein Kormoran-Management zu verhindern und schreckt hierbei auch nicht vor gezielter Fehlinformation und Verleumdung zurück", lautete der Vorwurf.

Auch die Berufsfischerei kämpfe um ihr Überleben. Rückläufige Fangergebnisse und die von den Kormoranen verursachten Schäden an den Fanggeräten erschwerten die Ausübung eines der ältesten Berufe der Welt. Die Angler warfen dem NABU eine beispiellose Hetzkampagne vor. Damit versuchten sie, die Öffentlichkeit gegen die Fischerei aufzubringen.

  29 LFV BW Aktion Kormoran

„Deshalb tragen wir die Äsche hier zu Grabe, bei den Naturschutztagen des Nabus, des Verbandes, der ihr Verschwinden zu verantworten haben wird. Die Äsche wird aber nur die erste Art sein, die verschwindet, andere werden folgen."

Der Nabu setze die gesamte Artenvielfalt bewusst aufs Spiel, nur um einen zwar in Massen vorkommenden, aber dafür viel besser sichtbaren Vogel zu schützen. „Diese Oberflächlichkeit (im doppelten Sinne) klagen wir an! Vogel des Jahres als Fischkiller".

Die TAZ druckte diese dpa-Meldung: „Die Naturschutzverbände NABU und BUND, Veranstalter der „Naturschutztage", traten dagegen für den Schutz des einst fast ausgestorbenen Kormorans ein. Der Kormoran gehöre zum Bodensee wie die Blumeninsel Mainau, so der baden-württembergische NABU-Landesverband. Fangeinbußen seien mit dem immer saubereren, nährstoffärmeren Wasser sowie der Erderwärmung zu erklären (siehe Kapitel „Die Illusion eines europäischen Kormoranmanagements)."

Die Fischereiforschungsstelle Baden-Württembergs hat in ihrem Bericht vom Januar 2017 die Auswirkung des Kormoranfraßes auf die Landesgewässer so zusammengefasst: „Im aktuellen Berichtszeitraum (vom Frühjahr 2013 bis zum Herbst 2016) zeigten sich in stark von Kormoranen beflogenen Gewässerstrecken im Vergleich zu gering beflogenen Strecken a) signifikant niedrigere Dichten bei den Leitfischarten Äsche und Bachforelle, b) Schädigungen im Längenklassenaufbau bei den Arten Barbe, Döbel und Nase sowie c) eine hohe Zahl verletzter Fische.

V.   Selbstregulierung durch die Natur?

Frost ist für die Kormorane nach Christof Herrmanns Erfahrungen ein dichte-abhängiger Regulationsfaktor. Die sehr kalten Winter Mitte der 1980er Jahre hatten nach seinen Beobachtungen auf den Bestand keinen Einfluss. Die wenigen Vögel fanden trotz der Vereisung noch ausreichend Nahrung.

1996 sei der erste Winter gewesen, welcher tatsächlich zu einer Extra-Mortalität[30] geführt habe. Im Jahre 2010[31] sei dann der Bestandseinbruch enorm gewesen. Ostseeweit habe es ca. 25 Prozent weniger Brutpaare gegeben. Herrmann leitet daraus diese Gesetzmäßigkeit ab: die Kombination kalter Winter plus viele Kormorane führt zu Effekten, kalte Winter plus wenig Kormorane haben hingegen keine Auswirkungen[32].

Bild 4: *Diese schlauen Kormorane auf dem Gemälde von Johan Thorn Prikker aus den Jahren 1902 bis 1904 haben sich einen erstaunlichen Tarnnamen zugelegt. Sie wählten ausgerechnet den Namen eines ihrer ärgsten natürlichen Feinde: Seeadler. Dieses Gemälde von Johan Thorn Prikker hängt im Kunstmuseum Krefeld und wurde für eine Ausstellung an das Neusser Clemens Seels Museum ausgeliehen. Für irritierte Betrachter wurde in Klammern der Klarname „Kormorane" hinzugefügt.*

Aber nicht nur das Wetter und der Mensch können zu „Feinden" des Kormorans werden, auch andere Tiere können sie gefährden. Wikipedia will Nachweise von Kolonien mit massiver Prädation haben (Getötet und gefressen werden durch andere Tiere, der Autor). Dabei seien Waschbär, Marderhund (bei Bodennestern), Mink, Rotfuchs (bei Bodennestern und niedrigen Büschen),

---

30 Frederiksen & Bregnballe 2000, J. Animal Ecology
31 Kormoranbericht MV 2010
32 Schriftwechsel mit dem Autor

Habicht, Seeadler, Steinadler, Uhu, Silbermöwe und Nebelkrähe als Prädatoren (Beutegreifer) ermittelt worden. Seeadler, die nach den Beobachtungen des Naturführers Günther Hoffmann immer mehr Kormorankolonien begleiten, erbeuten gelegentlich Jungkormorane. Ältere Tiere schlagen sie dagegen eher selten. Aber sie attackieren nach Beobachtungen die Altkormorane, zwingen sie, ihren Beutefisch wieder hervorzuwürgen und fressen ihn dann. Da die Seeadler jedoch auch andere Nahrungsquellen nutzten, dürfte ihr Einfluss auf den Bestand insgesamt eher gering sein.

Blickpunkt: Die Feinde der Wallnau-Kormorane

Der NABU Schlewig-Holstein zog aus seinen Beobachtungen diesen Schluss: „Vielfach wird immer noch die Ansicht vertreten, dass Kormorane keine Feinde haben und sich deshalb „explosionsartig" vermehren. Die Beobachtungen in Wallnau zeigen genau das Gegenteil. In den beiden zurückliegenden Jahren rückten nämlich auch Seeadler ins Blickfeld der Internet-Kamera: Die Adler hatten die flugfähigen, aber sich noch im Umfeld der Kolonie aufhaltenden jungen Kormorane als Nahrungsquelle entdeckt. Mit der Webcam gelangen dabei spektakuläre Bilder, die auf der Webseite des NABU Schleswig-Holstein dokumentiert werden". Auch 2012 suchten Seeadler die Kormoran-Kolonie auf. Dabei gelang es, ein Adlerpaar beim Eierraub zu beobachten. Dieses Verhalten ist zwar in der Literatur beschrieben, aber für Schleswig-Holstein noch nie dokumentiert worden …Die für die Zukunft spannende Frage war nach Ansicht des NABU: „Harren die Kormorane aus oder löst sich die Kolonie auf, wie es bereits für andere Brutorte belegt ist?" 2012 ließen sich die schwarzen Gesellen jedenfalls zunächst nicht erkennbar beeindrucken und kehrten immer wieder schnell auf ihre Nester zurück – obwohl die Adler auf der Insel verweilten und manche Nester auch komplett geleert wurden. Sollten sich die Seeadler aber dauerhaft niederlassen, könnte dies das Ende der Kormorankolonie bedeuten. Der Bruterfolg war schon deutlich gesunken. 2012 haben nur rund 40 Jungvögel die Flugfähigkeit erreicht, gegenüber fast 200 Tieren in der noch ungestörten Saison 2010.

Nicht nur Seeadler setzen dem Bestand zu. Verlassen die Kormoran-Eltern bei Störungen die Kolonie, ist der Weg auch für Silbermöwen und Rabenkrähen frei, Eier oder Küken zu entwenden. Und ein weiterer Beutegreifer lauert, wie die Webcam erstmals 2011 dokumentierte: Ein Fuchs erreichte die Niststätten, in denen die Jungen nahezu flügge waren, sich aber noch in der Nähe ihrer Nester am Boden oder in den wenigen mannshohen Sträuchern aufhielten. Innerhalb von zwanzig Minuten fanden vor den Augen der Internetbeobachter mindestens fünfzehn Jungvögel den Tod". Wer die Webcam-Chronik aus dem Jahre 2011 anklickt, wird eine Schilderung der blutigen Seeadlerattacken lesen können- nichts für Zartbesaitete. In den letzten Jahren spielten allerdings Seeadler und Fuchs keine größere Rolle mehr. Der Fuchs wurde durch den höher gehaltenen Wasserstand ferngehalten. Die Gründe für das selten gewordene Auftauchen der Seeadler sind unbekannt.

Nach Ansicht des LBV ist an natürlichen Fließgewässern meist keine Vergrämung der Vögel erforderlich. Aber dies bestreiten die Anglerverbände. Prof. Dr. Robert Arlinghaus33 vom Leibniz-Institut für Gewässerökologie und Binnenfischerei an der Humboldt-Universität zu Berlin verwies gegenüber dem Autor darauf, dass vitale Habitate immer gut seien, aber die Konstruktion von Unterständen könne bei starkem Kormoranfraß den Fraßdruck sogar noch erhöhen, weil die Tiere es sehr wohl rasch verstünden, sich um diese Bauten einzustellen. Erfahrungen in NRW in Totholzburgen in Seen deuteten in diese Richtung.

33 Schriftwechsel mit dem Autor

# VI. Die Illusion eines europäischen Kormoranmanagements

Europa braucht ein gemeinsames Management für Kormorane, um Naturschutz und Fischereiinteressen unter einen Hut zu bekommen. Eine wirksame Bestandsregulierung kann nur auf europäischer Ebene funktionieren. Davon waren die Forscher des Helmholtz-Zentrums für Umweltforschung (UFZ) schon 2008 überzeugt. Im Fachjournal Environmental Conservation schlugen sie einen fünfstufigen Aktionsplan vor. Er sollte mit einem Konsens über die tatsächlichen Zahlen der Tiere beginnen und mit einem internationalen Managementplan enden. Sie räumten allerdings ein, ein solcher Aktionsplan scheitere momentan an verschiedenen Interessen der einzelnen Länder und an fehlender Koordination. In Nordamerika existiere dagegen seit 2003 ein Managementplan für den nordamerikanischen Kormoran, obwohl das Problem dort ähnlich komplex sei wie in Europa.

Je nach Quelle schwankten die Angaben über die Größe der Population des Kormorans zwischen einer halben und anderthalb Millionen Vögeln in Europa. Der Vorschlag der Forscher für einen neuen Aktionsplan war aus 22 Interviews mit Verantwortlichen in mehreren EU-Ländern auf verschiedenen Verwaltungsebenen entstanden. Modellrechnungen hatten ergeben, dass es effektiver sei, die Brutmöglichkeiten für die Kormorane zu reduzieren als Tiere abzuschießen.

Schon lange sei klar, dass der Kormoran (Phalacrocorax carbo) nicht an Ländergrenzen halt mache.[34] Als typischer Zugvogel brüte er im Nord- und Ostseeraum, überwintere aber in der Nähe des Mittelmeeres. „Soll der Bestand des Kormorans reguliert werden, um den Konflikt zwischen Fischerei und Naturschutz zu entschärfen, dann betrifft das alle EU-Länder. Doch die Haltung zum Kormoran ist in den einzelnen Ländern sehr unterschiedlich: Die Niederlande beispielsweise sperren sich komplett gegen Eingriffe. Frankreich dagegen organisiert den Abschuss von 40 000 Tieren pro Jahr. Bei 25 Mitgliedsstaaten eine Regelung zu finden, mit der alle Staaten zufrieden sind, ist natürlich ziemlich schwierig". Wenn auch nur einer der Mitgliedsstaaten nicht zustimme, sei der

---

34 Pressemitteilung des Helmholtz-Zentrums für Umweltforschung (UFZ) vom 4.6.2008

Bild 5: *Seeadler ernähren sich überwiegend von Fischen, Wasservögeln und Aas. Zur Brutzeit suchen sie regelmäßig Kolonien von Kormoranen auf. Sie jagen den Kormoranen nicht nur Beute ab oder sammeln verlorene Fische auf, sondern schlagen auch junge Kormorane in den Nestern. Nach der Brutzeit hält sich der Kormoran-Nachwuchs rund sechs Wochen im Nest auf, erst mit zwei Monaten ist er flugfähig. Bis dahin sind die Kleinen ständigen Gefahren ausgesetzt, vor allem wenn sie aus dem Nest gefallen sind. Darauf warten dann nicht nur die Adler. Es kann durchaus vorkommen, dass Seeadler eine ganze Kolonie auflösen, wie es an der Flensburger Förde geschehen ist. Als eine Folge der Adlerattacken nimmt der Bruterfolg der Kormorane in den Kolonien ab. Neben den direkten Verlusten dürften auch zahlreiche Eier und Junge aus den Nestern abstürzen, wenn die Altvögel bei Adlerattacken panisch von den Horsten fliehen. Die Kormorane reagieren auf die regelmäßige Anwesenheit der Adler, indem sie den Koloniestandort verlagern. Insgesamt zeigen die Beobachtungen der letzten Jahre, dass mit der steigenden Anzahl von Seeadlern die Brut- und Rastbedingungen für die Kormorane in Schleswig-Holstein ungünstiger geworden sind und der Lebensraum für Kormorane an den Küsten- und Binnengewässern eingeengt wird. (Wikipedia und Jan Jacob Kieckbusch & Bernd Koop unter Projektgruppe Seeadlerschutz)*

Plan gescheitert, beschrieb Vivien Behrens vom Helmholtz-Zentrum für Umweltforschung (UFZ) das Dilemma.

Ein grenzüberschreitendes Kormoran-Management ist aber nach Ansicht der Wissenschaftler möglich. Dies zeige das Beispiel der USA. „Dort gibt es eine zentrale Behörde, die dafür zuständig ist: den U.S. Fish and Wildlife Service beim Innenministerium. Das Problem in Nordamerika ist mit dem in Europa vergleichbar: Seit den 70er Jahren haben dort die Populationen des nordamerikanischen Kormorans (Phalacrocorax auritus) zugenommen. Brut- und Überwinterungsgebiete verteilen sich über den ganzen Kontinent und damit über verschiedene Bundesstaaten. Nach einem intensiven Konsultationsprozess entstand 2003 ein über 200seitiger Managementplan, der jetzt konsequent umgesetzt wird. Dieser sieht mehrere Alternativen vor, die schrittweise aufeinander aufbauen und nur zum Einsatz kommen, wenn die vorige Stufe erfolglos blieb: 1. kein Eingreifen, 2. Vergrämung (jedoch ohne Abschuss), 3. lokale Schadensbegrenzung an kommerziellen Fischteichen, 4. streng überwachte Reduzierung der Ressourcen, 5. Reduzierung von regionalen Populationen und 6. landesweite Freigabe zur Jagd als allerletzte Alternative“. Auf diese Weise solle der Bestand in Nordamerika um etwa 160.000 Tiere reduziert werden, was nach Einschätzung des U.S. Fish and Wildlife Service zu keinen deutlichen negativen Folgen für die Population führen wird.

Aus der „momentanen“ Uneinigkeit der EU-Staaten über ein europäisches Kormoranmanagement ist ein Dauerzustand geworden. Das Europäische Parlament hat sich bereits im Dezember 2008 für die Erhebung wissenschaftlicher Daten als Basis für die Erstellung eines solchen Planes ausgesprochen. Auch die Bundesregierung hat sich wiederholt für einen gesamteuropäischen Kormoran-Managementplan stark gemacht; zuletzt im Juni 2011 im EU-Umweltrat. In einer Entschließung vom 12. Juni 2018 zu dem aktuellen Stand und den künftigen Herausforderungen bei der Entwicklung einer nachhaltigen und wettbewerbsfähigen europäischen Aquakulturbranche bekräftigte das Europäische Parlament seine bereits in seiner Entschließung zur Erstellung eines Europäischen Kormoran-Managementplans geäußerten Standpunkte. Es wies darauf hin, dass die Reduzierung der von Kormoranen und anderen Raubvögeln in der Aquakultur verursachten Schäden ein wichtiger Wettbewerbs- und Überlebensfaktor seien, da diese Schäden die Produktionskosten erheblich steigerten.

Zugleich forderte es die Kommission auf, „ gemeinsam mit den Mitgliedstaaten Maßnahmen zu ergreifen, die die Kormoranbestände mit allen Mitteln drastisch auf ein derartiges Maß reduzieren, dass einerseits die Bestandserhaltung der Kormorane gewährleistet wird und andererseits keine Bedrohung für

Blickpunkt: Eine Fundamentalkritik am US-Kormoranmanagement

Die für den Naturschutz brennende Biologin Linda R. Wires aus Minneapolis hat mit ihrem Buch „The Double-Crested Cormorant: Plight of a Feathered Pariah" eine Lanze für die Kormorane gebrochen und die heutige US-Wildtiermanagementpolitik scharf kritisiert. Es ist ein Buch voller Bewunderung für den Kormoran, der selbst in arktischen Regionen brütet, und voller Mitgefühl wegen seiner Verfolgung. Die Autorin beklagt, Futter- und Rastplätze hätten sich in „Killing-Fields" verwandelt. Das Buch ist auch in Deutschland als E-Book erhältlich, aber trotz der erklärenden Word-Wise-Funktion nicht leicht zu lesen. Die Autorin geißelt die Massentötungen von Wildtieren und insbesondere von hunderttausenden Kormoranen durch den U.S. Fish and Wildlife (USFWS) Service aufgrund zu lockerer Schutzbestimmungen. Allein in den Jahren von 1998 bis Ende 2011 seien nach realistischen Schätzungen mehr als eine halbe Million Kormorane in den USA getötet und ungezählte Nester und Eier zerstört worden. Die Einwände, die amerikanische Ornithologen gegen das aggressive Cormorant Management in den USA machen und ihre Schlussfolgerungen, ähneln denen von Management-Kritikern in Deutschland: Es scheint, als ginge es dem USFWS-Service mehr darum, die Verfolgung des Kormorans zu konstituieren als die realen Probleme der abnehmenden Fischereierträge und Plünderung von Aquakulturen sowie Zuchtanlagen zu lösen. Linda Wires schildert das sanftere Management in Kanada. Demgegenüber kommt ihr die Praxis in den USA wie eine als Management maskierte Hexenjagd vor. Am Ende habe der USFW Service ein Maß der Vernichtung des Kormorans ermöglicht, das die Verfolgung im 19. Jahrhundert übertreffe – eines herrlichen, aber unverstandenen Vogels. Dass sich eine solche Politik am Beginn des 21. Jahrhunderts entwickeln konnte, zeige, wie weit die Vereinigten Staaten noch gehen müssten, bevor sie eine unverwüstliche Ethik des Wildtier-Management erreichten: eine Ethik, die sogar die Kreaturen einschließt, die außerhalb der Anerkennung durch die Menschen liegen. Sie hofft darauf, dass die vermeintliche Lösung, Kormorane zu vernichten, als der Widerschein des auf der Hand liegenden wirklichen Problems erkannt wird: der Unfähigkeit von Menschen, ihre eigene Rolle im weiten Netz des Lebens zu verstehen.

Es gibt im Anhang zu diesem Thema QR-Codes und Links zu zwei Videos sowie zu einer Webcam in Toronto.

andere Arten entsteht und Schäden in den betroffenen Aquakulturen abgewendet werden".

Es wies nachdrücklich auf die derzeitige Lage der europäischen Teichwirte hin, die aufgrund von Räubern wie Ottern, Fischreihern und Kormoranen mit erheblichen Verlusten, die ihren gesamten Bestand betreffen, zu kämpfen hätten. Diese Räuber töteten auch den Laich von Zander und Karpfen und schränkten dadurch die Zucht und die Reproduktion von Süßwasserfischen erheblich ein. Das Parlament forderte die Mitgliedstaaten deshalb auf, für Fischreiher und Kormorane von den geltenden Ausnahmeregelungen Gebrauch zu machen, und verlangte von der Kommission, den Erhaltungsstatus des Otters zu überprüfen und gegebenenfalls den Abbau und die Kontrolle der Bestände dieser Räuber zuzulassen.

Die Bundesregierung hat mehrfach darauf hingewiesen, dass die EU bislang ein gemeinsames europäisches Vorgehen ablehnt. Die EU habe Leitlinien zur Anwendung des Artikels 9 der Vogelschutzrichtlinie veröffentlicht. Ziel dieser Leitlinien soll es sein, den nationalen Behörden eine konkrete Hilfestellung für eine effiziente und korrekte Anwendung von letalen oder anderen Maßnahmen zum Schutz der Fischbestände und Fischereien vor dem Kormoran zu bieten[35].

Ferner wies sie daraufhin, dass einem EU-Managementplan, der sowohl Interessen der Fischerei und des Fischartenschutzes als auch des Vogelschutzes gerecht wird, der Schutzstatus des Kormorans auf EU-Ebene im Rahmen der Vogelschutzrichtlinie entgegenstehe. Eine Änderung des Schutzstatus' auf EU-Ebene könne daher nur in Zusammenarbeit mit der Kommission und den anderen Mitgliedstaaten im EU-Umweltrat erfolgen. Das Bundesministerium für Ernährung und Landwirtschaft halte ein solches EU-weites Vorgehen für sinnvoll und werde weiterhin dafür eintreten, dass entsprechende Initiativen ergriffen würden.

Der Deutsche Angelfischerverband und der Deutsche Fischerei-Verband begrüßten die Entschließung des Europäischen Parlaments36. Sie erwarteten von der EU-Kommission und der Bundesregierung jetzt umgehend Schritte hin zu einem tatsächlichen Bestandsmanagement beim Kormoran. Der Präsident des Deutschen Fischerei-Verbandes, Holger Ortel, sagte laut DAFV zu den Forderungen des Parlaments, die bisherige Tatenlosigkeit von EU-Kommission und Bundesregierung angesichts der Kormoranschäden gefährde die Existenz der naturnahen Teichwirtschaft in Deutschland und Europa. In den Teichge-

---

35 BMEL: Bund und Länder wollen beim Kormoranmanagement eng zusammenarbeiten, Stand 9.2.2017
36 DAFV-Homepage vom 22.6.2018

bieten existiere eine große Artenvielfalt, die von der Bewirtschaftung der Teiche abhängig sei. Gäben die Teichwirte angesichts der finanziellen Einbußen auf, verlören dadurch zahlreiche bedrohte Arten wichtige Lebensräume. „Die Regulierung des Kormorans sollte so selbstverständlich sein wie die Regulierung von Schwarz- und Rehwild."

Die Präsidentin des Deutschen Angelfischerverbandes, Dr. Christel Happach-Kasan[37], wies darauf hin, dass Artikel 1 der Europäischen Vogelschutzrichtlinie neben dem Schutz ausdrücklich auch Maßnahmen zur Bestandsregulierung vorsehe. Voraussetzung dafür sei die „längst überfällige Aufnahme des Kormorans in den Anhang II dieser Richtlinie". Mit der Aufnahme des Kormorans in diesen Anhang würde er zur bejagbaren Art. Das Ziel müsse eine geordnete und grenzübergreifend koordinierte Bestandsreduzierung sein, wie sie das Europäische Parlament nun in einer noch nie dagewesenen Deutlichkeit einfordere. Dr. Till Backhaus, Minister für Landwirtschaft und Umwelt in Mecklenburg-Vorpommern, hatte allerdings in einer Landtagsdebatte zum Antrag der AFD, den Kormoran in die Liste des jagbaren Wildes aufzunehmen, diese Forderung als aussichtslos bewertet. Es gebe derzeit auf EU-Ebene keine Mehrheiten dafür, am Schutzstatus des Kormorans etwas zu ändern.

Der Vorsitzende der Kormorankommission des Deutschen Fischereiverbandes (DFV), Stefan Jäger[38], wertete die oft angeführte Selbstregulierung der Kormoran-Population als realitätsfernes Wunschdenken. Seit vielen Jahren verzeichneten die Anglerverbände massive Beeinträchtigungen der Fischfauna selbst in vergleichsweise kleinen Fließgewässern, deren Ursache nachweislich in den rasant angewachsenen Kormoranbeständen liege. Die inzwischen vielerorts möglichen Vergrämungsabschüsse könnten nur dazu dienen, lokal akut gefährdete Fischarten zu schützen und kleinräumig wirtschaftliche Schäden zu vermeiden. Zu einer nachhaltigen Entspannung des Problems könnten sie nicht beitragen, denn der Kormoranbestand habe sich allein in Deutschland in den letzten zwanzig Jahren mehr als verfünffacht und liege derzeit bei ca. 160 000 Kormoranen.

Hinzu kämen ab dem Spätsommer die zahlenmäßig noch weit größeren Kormoranbestände aus den Brutkolonien entlang der gesamten Ostseeküste, die auf dem Weg in die Winterquartiere auch im deutschen Binnenland Station machten.

---

37 a. a. O.

38 a.a.O

Im Rahmen einer Konferenz der European Anglers Alliance (EEA) im Europäischen Parlament Anfang Oktober 2018 mit dem Titel „Kormoran: Management über die Grenzen hinweg" wurde erneut beklagt[39], dass Kormorane in aller Regel auf lokaler Ebene, oft über Vergrämung, Auskühlen der Gelege oder über Abschüsse gemanagt würden. Bei Betrachtung der Gesamtpopulation zeigten die sporadischen lokalen Maßnahmen kaum Wirkung. Das Problem werde verlagert oder die Zahl nachrückender Vögel übersteige die Möglichkeiten eines Managements.

Olaf Lindner vom Deutschen Angelfischerverband und Markus Lundgren von SportsFiskarna setzten sich für ein ausgewogenes Verhältnis zwischen dem Schutz von Fisch, Vögeln, Biodiversität und Fischerei ein. Lindner forderte: „Wir müssen aus dem Ping-Pong der Verantwortungszuweisung endlich raus. Wir haben es hier mit einem gesamteuropäischen Problem zu tun. Hier muss die Kommission endlich handeln".

Blickpunkt: Wo die Fische vom Himmel fallen.

Schlimmer als saurer Regen. Litauens Kormorane zerstören den Urwald auf der Kurischen Nehrung

Sabine Adler hat in ihrem Beitrag für das Deutschlandradio Kultur am 2.9.2013 eindrucksvoll die Schäden an der Natur beschrieben, die die große Kormorankolonie auf der Kurischen Nehrung, auf dem litauischen Teil, anrichtet. Sie ist mit der Wächterin dieses Naturschutzgebietes, Aushra Feser, einer studierten Geografin aus dem Iran, auf eine Plattform inmitten eines Waldstücks gestiegen und beschreibt ihre Eindrücke so: das Waldstück könnte trostloser kaum aussehen: abgestorbene, mit blaugrauer Masse überzogene Bäume, die kaum noch Äste haben. Das zerstörerische Werk derer, die hier besonders geschützt werden sollten: der Kormorane. Sie zitiert die Iranerin Aushra Feser: „Die Kormorane nisten ganz hoch oben in den Bäumen, deswegen ist diese Stelle für sie absolut optimal. Das Haff ist total flach, nur drei bis vier Meter tief. Der Kormoran kann bis zu zehn Meter tief tauchen. Deswegen kann er im Haff jede Ecke erreichen, jeden Fisch."

Diese Population hier gäbe es seit Ewigkeiten. Einige Hundert Familien seien gezählt worden. Es seien zwei Drittel Kormorane und ein Drittel Fischreiher gewesen. Die Kormorane hätten sich explosionsartig vermehrt. Die Population stehe unter Naturschutz. Niemand dürfe sie töten, und so hätten die Kormo-

---

rane die Fischreiher verdrängt. Heute gebe es hier mehr als 3 000 Familien. In jeder Familie seien zwei Jungvögel, mindestens.

Jeder Kormoran vertilge, bis er ausgewachsen sei, 80 Kilogramm Fisch, den er im Haff fängt, auf dem Weg zum Nest frisst und dann verdaut auf einem Baum … Zuerst fielen die Äste runter und dann falle der Baum. Dass ausgerechnet die Chef-Naturschützerin Kormorane nicht besonders mag, dass sie froh sei, wenn sie im Herbst Richtung ihrer Heimat Iran fliege, liege vor allem an deren Überzahl und an dem, was sie hinten und manchmal auch vorn ausscheiden. Sie berichtete von einem etwa 30 Zentimeter langen Zander, der ihr aus 30 Meter Höhe wie ein Stein auf den Kopf gefallen sei. „Also bei uns gibt es Plätze, wo die Fische vom Himmel fallen. Wenn sich die Kormorane erschrecken, dann spucken sie Fische aus und die sehen nicht besonders appetitlich aus.

Hier gibt es Populationen von Füchsen. Wenn die Hunger haben, schreien sie, erschrecken damit die Kormorane, die spucken den Fisch aus und den fressen die Füchse.“

Bild 6: *Die große Kormorankolonie auf der Kurischen Nehrung ist eine Touristenattraktion.*

Kormorane stünden auf der Kurischen Nehrung zwar nicht mehr unter Naturschutz, doch einfach töten dürfe sie auch niemand. Deswegen würden die brütenden Vögel im Frühjahr für mindestens 20 Minuten von ihren Nestern vertrieben: „Und dann erfrieren die Eier und sie bebrüten sie nicht mehr.[40]"

Dem Bericht im Deutschlandfunk war ein Bericht von Elena Nagornych in der September-Ausgabe des Jahres 2010 des Königsberger Express vorausgegangen. Er trug die Überschrift: „Kormorane – eine Ökoplage oder Touristenattraktion?" Darin wird berichtet, dass Wissenschaftler und Studenten der Kant-Universität fortfahren, die Kormorankolonie unweit der Siedlung Krasnoje, Rayon Polessk (ehem. Haffwerder bei Labiau) zu erforschen. Die Kolonie liegt am Südufer des Kurischen Haffs und gilt als größte im südlichen Ostseeraum. Die Kormorane (Phalacrocorax carbo sinensis), 50 bis 90 cm große, fischfressende Vögel, auch Meerraben oder Scharben genannt, pflegten ihre Nester auf Bäumen in einer morastigen Gegend zu errichten. So auch die riesige Kolonie bei Krasnoje: Beschrieben wird, wie sich der Biologe Gennadij Grischanow und seine Studenten nur mit Mühe und Not durch einen mit Schwarzerlen bewachsenen morastigen Weg durchschlugen. Sie waren darauf bedacht, nicht auf die überall herumliegenden Exkremente der Vögel zu treten. Diese seien giftig-ätzend und ließen die Erlen, auf denen die Vögel ihre Nester bauten, nicht schwarz, sondern eher kalkig-weiß aussehen. Es wäre aber falsch, nur auf den Boden zu schauen, denn so einen Guanobatzen könne ein unvorsichtiger Vogelkundler auch von oben her verabreicht bekommen …
Jeden Morgen verließen Tausende und Abertausende schwarzgefiederter und daher etwas makaber aussehender Vögel die Kolonie in Richtung Haff und Meer, um dort auf Fischjagd zu gehen. Trotz der natürlichen Sterberate einiger Jungvögel sei die Zuwachsrate der Population der Kormorane bei Krasnoje enorm. Die Wissenschaftler schätzten die Zahl der Vögel in der Kolonie auf über 10 000 Stück.
Die ortsansässigen Fischer und Jäger würden die Kormorane nicht mögen – diese dezimierten ihnen den Fischbestand im Haff und ließen durch Exkremente Bäume und Sträucher eingehen. Besonders negativ sei die Haltung der Mitarbeiter des Nationalparks den schwarzen Fischfressern und Waldbeschmutzern gegenüber. „Sie haben beispielsweise versucht, die aus dem litauischen Teil der Kurischen Nehrung kommenden Kormorane durch abschreckende Attrappen und pyrotechnische Sprengsätze zu verscheuchen. Als ob es so leicht wäre, mit dieser fliegenden Ökoplage fertig zu werden!"

---

40 Wissenschaftler bezweifeln, dass die Eier bereits nach 20 Minuten erfrieren

Es gäbe aber nichts Schlimmes, was nicht auch sein Gutes habe: Einige der ortsansässigen Einwohner, die sich keine Einkäufe in den Supermärkten leisten könnten, brächten es fertig, Kormorane zu braten oder sonstwie zu genießbarer Nahrung zu verarbeiten.

Die Ornithologen seien der Meinung, dass diese Vögel trotz so mancher mit ihnen verbundenen negativen Seiten keinen wirtschaftlichen Schaden verursachten. Eher sei das Gegenteil der Fall: die Kormorankolonien könnten beispielsweise ein Besuchsziel von Ökotouristen sein und dadurch sogar Gewinne bringen.

Auf einer Fachkonferenz des Landesfischereiverbandes Brandenburg/Berlin (LFVB) im Dezember 2010 in Potsdam mit dem Titel „Ein Kormoran-Management für Deutschland" waren nicht nur Positionen und Argumente der Landesfischereiverbände, sondern auch die seither unveränderte Haltung der EU-Kommission zu einem Kormoranmanagement in Europa auf den Punkt gebracht worden. Lars Dettmann, der Geschäftsführer des LFVB, hat darüber auf der Homepage seines Verbandes berichtet[41]. Der Autor folgt der Vortragswiedergabe von Lars Dettmann und fasst sie zusammen.

Jorge Savio, Mitarbeiter der Generaldirektion Umwelt bei der EU-Kommission, verwies angesichts der zuvor geschilderten Schäden auf die Regelungen in der EU-Vogelschutzrichtlinie. So seien die im Artikel 9 der Richtlinie geregelten Möglichkeiten zu Abweichungen von den Schutzbestimmungen eigens dazu gedacht, das Auftreten derartiger Schäden zu verhindern. Er betonte, dass entsprechend der Richtlinie die Mitgliedsstaaten in der Pflicht wären, von diesen Möglichkeiten auch Gebrauch zu machen.

Sofern trotz der Regulierungsmaßnahmen der gute Erhaltungszustand der Kormoranpopulation nicht gefährdet sei, hätte die EU-Kommission mit solchen Maßnahmen keine Probleme. Jorge Savio verwies auf die Beispiele von Dänemark und Frankreich. Während man in Dänemark inzwischen seit mehr als 20 Jahren die Brutpaarzahlen der Kormorane durch das Verölen[42] von Gelegen reduziere, lege Frankreich Obergrenzen bei den Kormoranzahlen fest und gestatte dann den Abschuss von mehr als 40 000 Kormoranen pro Jahr. Auch hier sehe die EU-Kommission keinen Grund zum Eingreifen, da diese Maßnahmen im Einklang mit den Bestimmungen der EU-Vogelschutzrichtlinie genehmigt und umgesetzt würden. Die EU-Kommission verlange von den Mitglieds-

---

41 Homepage des Verbandes 27.03.2011
42 Nach Meinung von Christof Hermann geht es um die Erprobung, ob sich damit der lokale Bestand einer Kolonie reduzieren lässt

staaten lediglich, dass solche Regulierungsmaßnahmen von einem sorgfältig durchgeführten Monitoring begleitet und die erhobenen Daten nach Brüssel übermittelt würden.

In Bezug auf einen europäischen Management-Plan für den Kormoran unterstrich Jorge Savio, dass sich die EU-Kommission hier nicht in der Pflicht sehe. Die Begründung: Die Kommission habe keine rechtlichen Möglichkeiten, einzelnen Mitgliedsstaaten vorzuschreiben, dass diese etwas gegen ihre Kormoranpopulationen zu unternehmen haben. Gleichzeitig sehe die Kommission keine Veranlassung, den Mitgliedsstaaten Vorgaben zu machen, welche Möglichkeiten diese in welchem Umfang nutzen, um Schäden durch Kormorane im Einklang mit der Vogelschutzrichtlinie abzuwenden. Vor Ort könne viel besser und auch flexibler entschieden und gehandelt werden, wenn dazu nicht erst Rücksprachen mit der Kommission in Brüssel notwendig seien. Problem sei lediglich, dass es in vielen Mitgliedsstaaten offensichtlich noch große Unsicherheiten mit der Umsetzung der Regelungen speziell des Artikels 9 gibt, der jene Ausnahmen von den Schutzbestimmungen regelt. Genaue Definitionen eines „erheblichen wirtschaftlichen Schadens" oder des „guten Erhaltungszustands" der Kormoranpopulation seien zum Beispiel besonders aus Deutschland vielfach gefordert worden. Hier verwies Jorge Savio auf die vorangegangenen Vorträge, in denen die Schäden ja bereits stichhaltig nachgewiesen worden seien. Auch sei es für die Genehmigung von Maßnahmen gegen den Kormoran nicht erforderlich, dass die Schäden erst einträten. Artikel 9 der Vogelschutzrichtlinie ziele ja gerade darauf ab, derartige Schäden abzuwenden, also vorbeugend zu handeln".

Dettmann schrieb über die dann folgende Diskussion, Werner Kuhn (MdEP/CDU) habe unter dem Beifall der Anwesenden auf den Widerspruch hingewiesen, dass Deutschland und andere EU-Staaten mit Entwicklungsländern Fischereiabkommen aushandelten, auf deren Basis wir deren Fischgründe ausbeuteten, während wir uns innerhalb der EU den Luxus gönnten, den eigenen Fisch in Größenordnungen an geschützte Tierarten zu verfüttern, die einen solchen Schutz längst nicht mehr nötig hätten. Mit diesem Vorgehen hätte er ein ethisches Problem.

Weiterhin sei Herr Savio auf das Problem hingewiesen worden, dass angesichts des Zugverhaltens der Kormorane weder Regulierungsmaßnahmen in einzelnen Bundesländern noch innerhalb Deutschlands allein ausreichend wären, um die Schäden in den Fischbeständen unter Kontrolle zu bringen. Wenn Kormorane aus Schweden und Finnland hier in Deutschland im Herbst und Winter für Probleme sorgten, werde das gegenwärtig kaum Anlass zum entsprechenden Handeln in den Herkunftsländern sein. Bei der hier notwendigen Koordination von Maßnahmen unter den Mitgliedsstaaten sei die EU-Kommission gefragt. Jorge Savio habe eingeräumt, dass hier in der Tat Handlungsbedarf bestehe und habe auf die bereits erwähnte Plattform zum Austausch zwischen den Mitgliedsstaaten und der Kommission verwiesen."

Weitere Vorträge und Gesprächsbeiträge in der Wiedergabe durch Lars Dettmann sind auf der Homepage des Verbandes nachzulesen, sofern sie nicht der geplanten Aktualisierung der Homepage zum Opfer gefallen sind.

Nach dem deutschen Gliedstaat Preussen im Jahre 1921 stellten die Niederlande den Kormoran 1965 als erstes europäisches Land unter Schutz. Die lange geringe und später stark schwankende Zahl von Brutpaaren liegt heute in den Niederlanden bei 22 000. Im Jahr 2008 forderten Berufsfischer vergeblich Maßnahmen zur Begrenzung der Vogelzahl. Kormorane am IJsselmeer würden pro Jahr etwa 60-120 Tonnen Zander fressen (Wikipedia NL).

Die Widerstände in den Niederlanden gegen ein europäisches Kormoranmanagement erklären sich dadurch, dass in diesem Land die Kormorane nicht negativ gesehen und die Schutzrechte so eng ausgelegt werden, dass Abschüsse verboten sind. Während Berufsfischer und Naturschützer auch in gemeinsamen Projekten bei ihren gegensätzlichen Standpunkten blieben, akzeptierte der Anglerverband im Jahre 1998 die Kormorane als natürlichen Teil des Ökosystems, wertete die Vögel als lokales, aber nicht als nationales Problem. Es wurde versucht, ein ökologisches Gleichgewicht herzustellen, um Schäden durch den Kormoran zu vermeiden, ohne ihn mit Gewalt zu verfolgen. Statt sich gegenseitig zu bekämpfen, arbeiteten Naturschützer und Angler zusammen. Die Veränderung der Wahrnehmung des Kormorans in der niederländischen Gesellschaft erklären Wissenschaftler[43] durch soziale Lernprozesse der Angler, Naturschützer und Berufsfischer, deren Einfluss geringer geworden ist. Obwohl die Zahl der Kormorane seit dem Beginn der Zusammenarbeit der drei Gruppen stark gestiegen ist, unterstützt die niederländische Gesellschaft keine Eingriffe in die Kormoranpopulation. An diesem Befund des Jahres 2003 dürfte sich nichts geändert haben. Anglerverbände raten deshalb ihren Mitgliedern zu den bekannten nicht tödlichen Schutzmaßnahmen und hoffen auf einen gesetzlichen Anspruch auf Entschädigungszahlungen (Sportfischer der Niederlande).Aller-

---

43 Van Bommel, S; Röling, N.G.; van wieren, Sip; Gossow, Hartmut; 2003/01/01 Social causes of the cormorant revival in the Netherlands Cormorant Research Group Bulletin 5 (2003)

dings gibt es für den Flughafen Schipol eine Abschusserlaubnis. Sie wird auch genutzt[44].

Wie schwierig Lösungen des Kormorankonfliktes sind, zeigte sich bei dem Versuch, ein Kormoranmanagement am Bodensee zu etablieren. Mag. Dr. Ute Schlager, BMLFUW, Wien, die geschäftsführende Bevollmächtigte der Internationalen Bevollmächtigtenkonferenz für die Bodenseefischerei (IBKF), erläuterte im Vorwort zu der vom HYDRA-Institut in Konstanz erstellten Studie den Anlass für das Projekt[45].

Während der Fischertrag einen massiven Rückgang zeige, halte der Anstieg des Kormoranbestandes im Bodenseeraum ungebrochen an, wie die Zahlen der Ornithologischen Arbeitsgemeinschaft Bodensee (OAB) belegten.

Aufbauend auf bereits vorliegenden Erfahrungen und Ergebnissen im Umgang mit dem Kormoran am See und in anderen Regionen sollten unter Berücksichtigung der geltenden Rechtslage in den Anrainerländern und -kantonen, von nationalen Vorschriften und europäischen Richtlinien mögliche gezielte Eingriffe in den Kormoranbestand unter Beachtung der Verhältnismäßigkeit und Realisierbarkeit ergebnisoffen diskutiert werden. Von Interesse für die Fischerei seien dabei insbesondere solche Maßnahmen, bei denen davon ausgegangen werden könne, dass sie die festgestellten Auswirkungen auf den Fischbestand wirkungsvoll reduzierten, ohne den günstigen Erhaltungszustand der Art Kormoran und anderer Schutzgüter erheblich zu beeinträchtigen.

Frau Dr. Schlager hoffte, dass die vorliegende Studie von Peter Rey dazu beiträgt, den aus Sicht der Fischerei und des Fischartenschutzes dringend notwendigen Wandel von einem einseitigen Schutz einer Art zu einem wirksamen und verantwortungsvollen Bestandsmanagement einzuleiten.

Aufgrund des noch bestehenden Forschungsbedarfes und der methodischen Herausforderungen bei Monitoring und Wirkungskontrollen im Naturraum Bodensee empfahl die Studie, zunächst ein mehrjähriges ergebnisoffenes internationales Projekt im Sinne eines wissenschaftlichen Großversuches vorzuschalten. Die in einem solchen Versuch gewonnenen Erkenntnisse seien beste Grundlagen für ein koordiniertes dauerhaftes Management. Das geplante Pilotprojekt scheiterte vorerst aber am Desinteresse und den Vorbehalten der angefragten Institute und der Nichtregierungsorganisationen des Fachbereiches Ornithologie. Sie sollten als Partner ins Boot geholt werden.

Die Naturschutzfachstellen standen dagegen einer Kooperation sehr positiv gegenüber. Ohne ornithologische Projektbeteiligung erschien dem HYDRA-In-

---

44 Vogel und Luftverkehr 23, 2003
45 IBKF-Kormoranstudie-Bodensee-2017.

stitut ein solches Großprojekt politisch nicht umsetzbar, da es - wie in der Vergangenheit in jedem Fall geschehen - sofort wieder heftigste Gegenreaktionen seitens der NGO's provozieren würde.

Das Ziel des Instituts war die Etablierung eines Kormoran-Managements am Bodensee, mit dessen Hilfe der Prädationsdruck gemindert/gelenkt werden kann - dies möglichst ohne Erhöhung der bisher unkoordiniert stattfindenden Abschüsse von bis > 750 Kormoranen/p.a. Alle Mitwirkenden waren sich zwischenzeitlich einig, dass dazu auch oder vor allem Eingriffe in die Brutkolonien erfolgen müssten. Diese liegen am See aber allesamt in Schutzgebieten.

Eingriffe seien hier wegen der aktuellen Rechtslage, die sich in den bisherigen Verwaltungsgerichtsurteilen spiegele, nicht möglich. Das Maßnahmen-Moratorium am Bodensee bleibt zumindest bis 2020 bestehen und mit ihm auch die bisherige Vorgehensweise mit 500-750 Abschüssen p. a..
Warum aus den Hoffnungen von Frau Dr. Schlager nichts wurde, zeigte sich bei der Jahrestagung der Bodensee-Ornis, der Ornithologischen Arbeitsgemeinschaft Bodensee am 4.11.2017[46]. Die Erklärung für den Ertragsrückgang muss nach Ansicht der Ornithologen nicht beim Kormoran gesucht werden: Der Kormoran jage vor allem kleine Schwarmfischarten, die von den Fischern nicht genutzt werden. Aus Abschüssen von jährlich rund 600 bis 700 Kormoranen am Bodensee wisse man, dass er derzeit primär Stichlinge frisst. Diese nur etwa 10 cm kleine Fischart sei im Bodensee nicht heimisch. Doch heute bilde sie gemäß den Fischereibehörden über 80% aller Fische im Freiwasser des Bodensees. Der Stichling sei wirtschaftlich nicht nutzbar, im Gegenteil: er verhake sich mit seinen Stacheln in Fischernetzen und verursache dadurch Schäden. Inzwischen werde sogar untersucht, wie sehr der Stichling als Konkurrent des „Brotfisches" Felchen zu gelten hat. Insofern könne der Kormoran durchaus als „Helfer" der Felchen betrachtet werden. Das Ausmaß der angeblichen Konkurrenz zwischen Kormoran und Fischer hingegen sei dadurch unklarer als je zuvor. Für den Rückgang der Felchen sei der Kormoran jedenfalls nicht verantwortlich zu machen.

Der Bodensee sei national und international ein Paradies für diverse Wasservögel. Werden nun Kormorane am Bodensee abgeschossen, füllten Kormorane von der Ostsee diese Lücke, die durch die abgeschossenen Vögel hinterlassen wird, rasch wieder auf. Die Anzahl der am Bodensee beobachteten Vögel bleibe unverändert. Die bisherigen Abschüsse erreichten daher nicht die gewünschte Wirkung einer Reduktion des Kormorans – geschweige denn einer fischereilichen Verbesserung. Über die verheerenden Folgen solcher Aktionen in Natur-

46 Homepage der Bodensee-Ornis „Ist der Kormoran schuld?" vom 9.11.2017

schutzgebieten (nur dort brüten Kormorane) auf andere geschützte Vogelarten würde meist geschwiegen.

Am 17. November 2018 fand in Friedrichshafen die Jahreshauptversammlung des Internationalen Bodensee-Fischereiverbands mit rund 50 Vertretern aus der Schweiz, aus Österreich und Deutschland (Baden-Württemberg und Bayern) statt[47]. Der Internationale Bodensee-Fischerei-Verband (IBF) koordiniert und vertritt seit seiner Gründung im Jahr 1909 die Interessen der Berufs- und Angelfischerei am Bodensee.

Der 1. Vorsitzende, Dr. Wolfgang Sigg, bezeichnete die gegenwärtige Situation für die Berufsfischer als existenzgefährdend, schrieb das Schweizer Fischereimagazin „Petri -Heil". Weitere gravierende Rückgänge im Jahr 2018 bei den Felchenfängen und neuerdings auch ein dramatischer Einbruch bei den Seesaiblingen machten den Berufsfischern am Bodensee das Überleben schwer. Als existenzsichernd für einen Fischereibetrieb werde ein durchschnittlicher Ertrag von 7 Tonnen Fisch pro Saison betrachtet; momentan seien es nur noch 2,7 Tonnen, also rund ein Drittel des zum Überleben notwendigen Ertrags.

Als Ursachen des Felchenrückgangs nannte Sigg nach dem Fischereimagazin drei Hauptgründe: den Nährstoffrückgang, die Stichlinge und den Kormoran. Petri -Heil zitierte Sigg so: „Im vergangenen April wurden 30% mehr Kormorane als 2017 gezählt, schon 2017 waren es 17% mehr als 2016. Gemäß Hochrechnungen fressen die Kormorane im Bodensee unterdessen mehr Fische weg als insgesamt von Berufs- und Sportfischern gefangen werden: 2017 waren es 220 bis 260 Tonnen, 2018 werden es voraussichtlich über 300 Tonnen sein! Im Unterschied zum Nährstoffrückgang und zu den Stichlingen lasse sich dagegen etwas tun. Ein wirksames, internationales Kormoranmanagement ist dringend notwendig. Die Politik muss sich international zusammensetzen und Lösungen finden. Insbesondere in Baden-Württemberg, wo gegenwärtig alle Vorstöße durch den einseitig vogelschutzlastigen Naturschutzbund (NABU) blockiert werden, sollte auch in Naturschutzkreisen endlich bewusst werden, dass auch die Fische schützenswert sind".

Während die Ursachen der rückläufigen Fangerträge strittig bleiben, konstatiert auch der Jahresbericht 2017 zur Binnenfischerei den Rückgang der Anlandungsmengen und schreibt über die Konsequenzen: „Nach deutlichen Rückgängen bereits um die Jahrtausendwende bei der wirtschaftlich ebenfalls bedeutsamen Art Barsch kam es in jüngerer Vergangenheit zu massiven Einbrüchen bei der Hauptfischart Felchen/Renke, deren Anlandungsmenge durch deutsche Erwerbsfischer im Berichtsjahr auf 160 t und damit einen neuen Tiefst-

---

47 Petri-Heil vom 26.12. 2018

wert sank (Abb. 3). Durch diese Situation verringert sich inzwischen auch die Anzahl der Erwerbsfischer, da die Wirtschaftlichkeit nicht mehr gegeben ist".

Die EU-Kommision hatte bereits in einer Note aus dem Jahre 2013 [48] keinen Zweifel daran gelassen, dass ein europaweiter Ansatz aus mehreren Gründen nicht praktikabel sei. Mittlerweile gebe es europaweit mehr als 500.000 Kormorane, also müssten jährlich viele tausende Kormorane getötet werden, um mit der Reduzierung zu beginnen. Solche groß angelegten Reduktionsabschüsse würden wahrscheinlich nicht sozialverträglich oder wirtschaftlich tragfähig sein. Sie verwies nicht nur auf die Tierrechte, sondern auch auf die hohe Migrations- und Vermehrungsdynamik der Kormorane.

Auch die EU-Intercafe-Forschergruppe [49] bezweifelte den Erfolg eines auf letale Maßnahmen konzentrierten europäischen Kormoranmanagements. Das Töten von Wildtieren im großen Maßstab werde unvermeidlich Kritik auf sich ziehen und dürfte öffentlich nicht akzeptabel sein. Einige Regierungen dürften es kaum zulassen, dass solche tödlichen Maßnahmen eingeleitet oder in ihren Ländern erweitert würden.

Christof Herrmann hält ebenfalls ein europäisches Kormoranmanagement mit dem Ziel einer Bestandsregulation schlichtweg für unmöglich und aussichtslos. Dazu wären Eingriffsintensitäten erforderlich, wie sie im 19. Jh. praktiziert wurden, als alljährlich in nahezu allen Kolonien Bekämpfungsmaßnahmen durch Abschüsse, Baumfällen etc., teilweise unter Einsatz militärischer Einheiten, durchgeführt worden seien. Das sei heute undenkbar und bei 200 000-220 000 Brutpaaren im Ostseeraum auch praktisch nicht durchführbar [50]. Der NABU Schleswig-Holstein hatte in seiner strikt ablehnenden Position zu Reduktionsabschüssen auf Schätzungen verwiesen, nach denen europaweit jährlich über 100.000 Tiere getötet werden müssten, um den Brutbestand um 25 Prozent abzusenken. Dabei würden nach Ansicht des NABU jedoch andere geschützte Vogelarten durch den ständigen Jagdlärm vertrieben. In EU-Schutzgebieten und in Naturschutzgebieten würde der Abschuss immense, nicht hinnehmbare Beeinträchtigungen verursachen.

Eine internationale Forschergruppe um Morton Frederiksen und Thomas Bregnballe von der Universität Aarhus über die Herkunft der überwinternden Kormorane hatte auf die hohe Mobilität der Winterbestände verwiesen. Angesichts dieser Dynamik wäre es sehr unwahrscheinlich, dass eine Konfliktlösung auf der Basis der gesamten europäischen Kormoranzahl kosteneffektiv und politisch realistisch wäre [51].

48 Between Fisheries and Bird conservation : The cormorant conflict, Europäisches Parlament Maßnahmen-Katalog auf den Seiten 28/29
49 The INTERCAFE Cormorant Management Toolbox
50 Schriftwechsel mit dem Autor
51 Where do wintering cormorants come from?

VII. Maßnahmen zur Kormoranabwehr

Welche Studie man über Maßnahmen zur Kormoranabwehr auch liest, alle kommen zu der Schlussfolgerung, dass es keine allseits akzeptierte Maßnahme gibt, die sowohl dem Naturschutz als auch den Fischern und Anglern gerecht wird. Es gibt auch nicht eine auf alle Situationen passende Patentlösung. Das Abwägen der Vor- und Nachteile einer Maßnahme, die Adaption auf nationale, regionale und lokale Situationen und das Schließen von Kompromissen sind unerlässlich. Häufig sind zur Schadensbegrenzung Kombinationen von nicht-tödlichen Abwehr- und Schutzmaßnahmen mit Abschüssen notwendig, weil eine einzelne allein zuweilen nicht effektiv, zu kostspielig ist, sie zu häufig wiederholt werden muss oder eben doch die Präsenz wachsamer und handelnder Menschen voraussetzt.

Eine Schilderung und kritische Bewertung von Maßnahmen zur Kormoran-abwehr hat Volker Guthörl [52] vorgenommen. Seine desillusionierenden Bewertungen sollten jedoch nicht dazu führen, sich mit nicht tödlichen Schutz- und Abwehrmaßnahmen gar nicht erst zu beschäftigen. Er verweist auf die hohe Anpassungs- und Lernfähigkeit der Kormorane. Dies führe dazu, dass sie sich an Vergrämungsmaßnahmen schnell gewöhnten und nicht mehr flüchteten. „Alle nichtletalen Maßnahmen haben, wenn überhaupt, nur kurzzeitigen Effekt oder verschieben das Problem an den Nachbarteich (COWX 2003; DRAULANS 1987)". Da Vergrämungsmaßnahmen einerseits kontinuierlich durchgeführt werden müssten, um überhaupt zu greifen, andererseits aber mit der Zeit Gewöhnungseffekte bewirken, könnten sie die Kormoranpräsenz bzw. den Prädationsdruck nicht auf Dauer verhindern bzw. signifikant mindern. Aufgrund der Gewöhnung seien nichtletale Vergrämungstechniken nur effizient, wenn es darum gehe, Schaden für ein paar Tage, höchstens Wochen, abzuwenden.

Ähnlich sieht es der Landesfischereiverband Bayern. Er beschreibt in seiner Publikation „Kormoran-Fischbestand[53]" die Vergrämung als einen Lernprozess und präzisiert den gemeinhin als Verscheuchung verstandenen Begriff. Von Vergrämung spreche man, wenn den Tieren in einem bestimmten Gebiet un-

---

52 Volker Guthörl Zum Einfluß der Kormorans (Plalacrocorax carbo) auf Fischbestände
53 Kormoran- und Fischbestand, Kritische Analyse und Forderungen des Landesfischerei-
    verbandes Bayern e. V.

angenehme Erfahrungen bereitet würden, sodass sie dieses Gebiet in Zukunft aus eigenem Antrieb meiden. An Fließgewässern sei eine Vergrämung nur dann ausreichend wirksam, wenn auch Vögel geschossen würden. Jene Kormorane, die nicht geschossen werden, erlebten den Abschuss eines Artgenossen. Werde aus einem Trupp von Kormoranen ein Vogel geschossen, würden die anderen durch das Verhalten des Getroffenen eine bedrohliche Gefahr erkennen. Die Wirksamkeit einer Vergrämung hänge nicht davon ab, wie viele Kormorane geschossen würden. Wichtig sei, dass die potentiellen Besucher eines Gewässers ausreichend oft schlechte Erfahrungen machten und dass sie die schlechten Erfahrungen auch an den konkreten Gewässern erleben, an denen sie vergrämt werden sollen.

Aus den in auch in anderen Ländern mit viel Aufwand bei der Kormoranabwehr gemachten Erfahrungen zieht der Verband die unmissverständliche Schlussfolgerung, an Fließgewässern und großen Stillgewässern seien Vergrämungen nur dann wirksam, wenn auch Kormorane geschossen würden.

Die Problematik und die Erfahrungen an Teichwirtschaften hat Oliver Schlicht in seinem Bericht über die Teiche des Fischereibetriebes Marx in Wüstenjericho „Die fischen in Schützenketten" [54] gut beschrieben. Der Fischereiinhaber Uwe Marx hatte nach dem Bericht Drahtsperren um seine Teiche gespannt, um das Einfliegen der Vögel auf die Wasserfläche zu verhindern. Um den etwas außerhalb liegenden Karpfenzuchtteich hatte er rundherum einen guten Schotterweg angelegt. Marx erläuterte, den Schotterweg habe er extra für Spaziergänger und Radfahrer angelegt. Denn wenn hier Menschen seien, traue sich der Kormoran nicht her. Marx berichtete von 40 000 Euro Schadensersatzzahlungen, die er bekommen habe, weil die Kormorane ihm nachweislich den Karpfennachwuchs aus dem sieben Hektar großen Aufzuchtteich geholt hätten: Mit Behördenunterstützung habe er schon spezielle Raketen gezündet, es mit Flatterbändern und sogar Warnschüssen versucht. Alles sei vergeblich gewesen. Die Angriffe der Kormorane schilderte Marx nach dem Bericht so: „Erst kommen zwei, drei Vögel und peilen die Lage. Und wenn alles ruhig ist, dann kommen die anderen 15 bis 20 Vögel." Blitzschnell tauchten die Kormorane ein und schnappten sich vom Grund die nur 50 bis 70 Gramm leichten Karpfen.

Einen guten Überblick über Schutzmaßnahmen gegen Kormorane, deren Abwehr und notfalls Tötung unter rechtlich zulässigen und praktikablen Möglichkeiten gewinnt ein englisch kundiger Leser, wenn er auf der EU-Kormoran-Plattform zunächst die Überblicksinformation über ein Kormoranmanagement, Maßnahmen und Fallstudien anklickt. Dort findet er viele Links zur vertieften Information, darunter auch

 54 Volksstimme vom 18.9.2014

den Link zur EU-Interpretations-Leitlinie, was unter einem schweren Schaden (serious damage) zu verstehen ist. Wer sich nach der Lektüre für eine oder mehrere Maßnahmen interessiert, sollte die „Management-Tool-Box" der Intercafe-Forschergruppe aufrufen und die Informationen studieren, die für sein Gewässer relevant sind[55].

Gute deutschsprachige Informationen über Schutz- und Abwehrmaßen finden sich in einer schon 1996 erschienenen Übersicht von Dr. Thomas Keller[56] und in dem Kormoran-Management-Leitfaden des bayrischen Landesamtes für Umwelt[57]. Der Leitfaden ist von der Internetseite des Landesamtes herunterladbar. Wer nach einhundertprozentigen nichtletalen erfolgreichen Schutzmaßnahmen sucht, wird auch hier enttäuscht werden. Sie gibt es nicht. Aber es gibt Maßnahmen, die die Schäden verringern wie Überspannungen und Übernetzungen und – bei sachgerechter Ausführung - die Gefahr für andere Wildvögel nicht zu groß werden lassen. Sie erschweren allerdings die Fischernte.

Landwirtschaftskammern wie in Niedersachen[58] sorgen sich wegen des Fraßdrucks von Kormoranen, Reihern und Fischottern besonders um die in freier Landschaft liegenden Teichwirtschaften. Die Kammer empfiehlt, Teichwirtschaften zum Schutz gegen Wildtiere sicher einzuzäunen und zu übernetzen. Dies helfe jedoch nur bei gut zu kontrollierenden und nicht zu großen Anlagen.

Über mehrere Hektar große Teichanlagen, wie z. B. Karpfenteichwirtschaften, ließen sich wirtschaftlich nicht effektiv gegen den Wildtierfraß schützen. Jedoch könnten saisonal besonders sensible Bereiche mit höheren Fischdichten wie Hälterungen oder Winterungen zweckmäßig durch Einzäunungen und Überspannungen geschützt werden.

Der Fachbereich Fischerei der Landwirtschaftskammer Niedersachsen hilft den betroffenen Fisch- und Teichwirten mit der Beratung zu standortbezogenen technischen Lösungen vor Ort sowie bei der Beantragung von Fördermitteln, die das Land Niedersachsen bereitgestellt hat. Fachliche Beratung hilft, wenn nicht zur Vermeidung eines Schadens, so doch zur Schadensbegrenzung.

---

55 EU-Kormoran-Plattform – Kormoran Management, The INTERCAFE Cormorant Management Toolbox
56 Keller: Maßnahmen zur Abwehr von Kormoranen
57 Der Leitfaden zum Kormoranmanagement Bayerisches Landesamt für Umwelt 2017 kann kostenlos heruntergeladen werden unter www.bestellen.bayern.de.
58 https://www.umwelt-online.de/recht/natursch/laender/nds/aquakult.htm und http://www.voris.niedersachsen.de/jportal/

Blickpunkt: Vogelabwehr im Obstanbau

Der Star wurde 2018 vom NABU zum Vogel des Jahres gewählt. Welch eine wechselvolle Geschichte hinter ihm liegt, beschreibt der NABU so:

Anfang des 20. Jahrhunderts sei der Star noch als Vertilger landwirtschaftlicher Schädlinge geschätzt und sogar mit Nistkästen angelockt worden. Die Kehrseite der Medaille hätte sich mit Fressschäden im Wein- und Olivenanbau in Südeuropa und der Verschmutzung an Gebäuden gezeigt. Der Mensch habe reagiert. Bis in die 1980er-Jahre sei die Vergiftung von Staren durch Kontaktgifte und Köder sowie Dynamit an Schlafplätzen und der Fang in Winterquartieren weit verbreitet gewesen. In Mitteleuropa sei seit 1980 die direkte Verfolgung des Stars dank der EU-Vogelschutzrichtlinie um etwa ein Viertel zurückgegangen. In Südeuropa würden hingegen Abschuss und Fang der Tiere noch immer als hauptsächliche Todesursache gelten. Als Hauptgefahren für den Jahresvogel 2018 bezeichnete der NABU jedoch das Schwinden seiner Nahrungsflächen und den Verlust seiner Brutplätze – insbesondere durch die intensive Landwirtschaft.

Was hat der Vogel des Jahres 2010, der Kormoran, mit dem Star zu tun? Beide sind NABU-Vögel des Jahres. Beide sind in der EU nichtjagdbare schützenwerte Nahrungskonkurrenten des Menschen und können in der Landwirtschaft schwere wirtschaftliche Schäden anrichten. Kirschen und Weintrauben sowie Speisefische müssen vor dem Appetit der Vögel geschützt werden. Bei den Schutzmaßnahmen gibt es viele Parallelen. Übernetzungen sind teuer und arbeitsaufwendig, aber sie bieten im Kirschen- und Weinanbau sowie an kleineren Teichanlagen einen wirksamen Schutz. Über den Preis pro Kilo Kirsche wie über den Preis pro Kilo Fisch müssen sich diese naturschonenden Schutzanlagen finanzieren lassen. Der Verbraucher sollte sich diesen Schutz etwas kosten lassen. Eine gemeinsame Aufklärungskampagne von Naturschützern und Land-/Fischwirten könnte helfen. Ein Erfahrungsaustausch zwischen den Hütern der Trauben/Kirschen und den Hütern von Speisefischen könnte die Suche nach den besten Schutzmaßnahmen verstärken.

„In weniger als 30 Minuten ist eine Kirschplantage abgeerntet"
Obsthof Matthies im Alten Land bei Hamburg.

Von der Homepage: „Aber nicht nur wir Menschen lieben diese leckeren Früchte, auch der Star ist ein richtiger Genießer. Millionen dieser kleinen „Diebe" nisten[59] auf den vorgelagerten Elbinseln und verdunkeln den Himmel, wenn sie

   59 Es sind die Rast- und Schlafplätze

sich früh morgens auf den Flug ins Alte Land machen. Ein Starenschwarm erntet im Akkord. In weniger als 30 Minuten ist eine Kirschplantage „abgeerntet". Früher hat man versucht mit Knallapparaten und Klappermühlen die Vögel zu verscheuchen, doch schnell merkten diese, dass es nur knallt und es nicht wirklich gefährlich werden kann.

Heute schützen aufwendige Netze die Kirschanlagen. Die Netze werden von Hand mühselig über die Anlagen gezogen und sind sehr teuer. Obwohl die Netze eigentlich nur aus Löchern bestehen, sind sie durch die großen Flächen sehr windanfällig und es kann schnell passieren, dass ein etwas stärkerer Sommerwind die Anlagen in „Windeseile" wieder abdeckt und das teure Netz zerstört. Aber es gibt natürlich auch Jahre, in denen alles klappt: Kein Blütenfrost, fleißige Bienen, gutes Wachstums-Wetter, haltbare Netze.

Die Kirschen sind knackig und oberlecker und wir könnten mit der Ernte beginnen. KÖNNTEN: Doch dann kommt ein Regenschauer und die Kirschen platzen und die Herrlichkeit ist wieder für ein Jahr vorbei. Kirschen platzen nicht durch die Härte des Regens, sondern durch das Aufsaugen der Feuchtigkeit.

Setzt sich abends bei Windstille, nach einem kurzen Nieselregen, ein Regentropfen in die Stielgrube, dann saugt die Kirsche diesen über Nacht auf und dann platzt die reife Frucht am nächsten Morgen.

Von 10 Ernten verlieren wir so in der Regel 6 Ernten nur durch die Witterung. Wir versuchen natürlich alles, um trotzdem Kirschen anbauen zu können, obwohl das Risiko und die Kosten sehr hoch sind. … Gibt es Regen und die Kirschen platzen, hoffen wir auf Sonne am folgenden Tag und darauf, dass die Kirschen der nächsten Sorte noch nicht so reif sind und heil bleiben. Seit einigen Jahren versuchen wir auch die Kirschen durch Dächer vor dem Regen zu schützen. Das ist natürlich noch kostspieliger und der Wind hat hier noch mehr Angriffsfläche, aber die voll ausgereiften Kirschen einer „Dachanlage" sind mit Abstand eine der leckersten Früchte, die man genießen kann"

* https://www.obsthof.de/Kirschen-und-Steinobst
* https://www.abendblatt.de/hamburg/harburg/article107247051/Das-haelt-kein-Vogel-aus.html
* https://www.vogelabwehr.de/de/loesungen/netze_agrar.php
* http://www.laerm.ch/dokumente/laermsorgen/Vogelabwehr_im_Weinbau.pdf
* https://www.rebeundwein.de/Was-sie-bei-der-Vogelabwehr-beachten-muessen,QUlEPTU1MTMyNDU mTUlEPTU0Nzk.html
* https://www.ndr.de/nachrichten/niedersachsen/lueneburg_heide_unterelbe/Kormorane-verendet-Erfroren-oder-verhungert,kormoran132.html

Die Kormoran-Vergrämung an Teichwirtschaften hatte auch die BfN-Kormorantagung in Stralsund 2006 beschäftigt. Ausnahmen vom Abschussverbot sieht das Gesetz nur dann vor, wenn durch den Kormoran ein erheblicher fischereiwirtschaftlicher Schaden verursacht wird. Dieser Schadensnachweis muss gerichtsfest zu führen sein. Christof Herrmann wies darauf hin, dass es für die Teichwirtschaften in Mecklenburg-Vorpommern einfach sei, diesen Nachweis zu führen. Denn in den großen Teichwirtschaften des Landes – dies seien die Fischteiche in der Lewitz und in Boek – betrügen die Ertragsausfälle bei Karpfenproduktionslinien mit Exemplaren unter 600g ohne Kormoranabwehr 90-100%. Alternative Maßnahmen wie Überspannungen oder Ablenkfütterungen seien schon in der Vergangenheit unter Einsatz von Fördermitteln getestet worden. Sie hätten sich als nur teilweise erfolgreich oder gar ungeeignet erwiesen. Die Vergrämung an den großen Fischteichanlagen des Landes (Lewitz und Boek) erfolge nicht auf der Grundlage der Kormoranverordnung, sondern auf der Grundlage von § 45 Abs. 7 BNatSchG, da beide Anlagen ganz bzw. teilweise in Schutzgebieten (Naturschutzgebieten bzw. Nationalparks) liegen.

Im Jagdjahr 2016/17 sind, wie aus dem Kormoranbericht 2017 für das Land hervorgeht, auf der Grundlage der Kormoranverordnung 19 Kormorane geschossen worden. „An den Fischteichanlagen wurden im Jahr 2017 insgesamt 689 Kormorane erlegt. Die Abschüsse zur Abwehr fischereiwirtschaftlicher Schäden an den Fischteichanlagen schwankten seit 2005 im Bereich zwischen 600 und 950 erlegten Tieren[60]“.

Wer an Maßnahmen interessiert ist, die rechtlich in dem jeweiligen Staat, Bundesland oder an seinem Gewässer zulässig und bei erschwinglichen Kosten realisierbar sind, sollte sich am besten an Kormoranmanagement-Berater wenden können. Staatlich angestellte Kormoranbeauftragte sollten durch ehrenamtliche tätige Kormoranbeauftragte unterstützt werden. Dieses Netzwerk gibt es bereits in Bayern. Es wird dort ausgebaut und sollte in anderen Bundesländern nachgeahmt werden. Die Ausbildung und Finanzierung von Kormoranbeauftragten sollte nicht an fehlenden Finanzmitteln scheitern. Ein Investment in das Know-how von effektiven Schutzmaßnahmen und deren Finanzierung ist sinnvoller, als später Kompensationen für schwere Schäden zu zahlen.

Ausgleichszahlungen gibt es in mehreren Bundesländern. Eine vielleicht nicht mehr aktuelle Übersicht findet sich in der Bundestagsdrucksache 18/11360, der Antwort der Bundesregierung auf eine Kleine Anfrage des Abgeordneten Jan Korte und der Fraktion der Linken. Eine vollständige Übersicht über die finanzielle Förderung von Schutzmaßnahmen konnte der Autor nicht

---

   60 Christof Herrmann, BfN-Komoran-Fachtagung 2006

erstellen. Generell gilt, dass die nach dem Europäischen Meeres- und Fischereifonds möglichen Zuschüsse zu gering sind, als dass sich hohe Investitionskosten für Teichwirte rechnen.

Förderungen gab es jedoch schon in der Vergangenheit. Das Landwirtschaftsministerium in Mecklenburg-Vorpommern förderte im Zeitraum 1997-2005 aus Mitteln der Fischereiabgabe Maßnahmen zur Abwehr von Kormoranen. Finanziert wurden die Kormoranvergrämung durch Abschuss, die Anschaffung von Lasergewehren und die Erprobung von Ultraschallanlagen. Zuwendungsempfänger war in allen Fällen der Landesfischereiverband. Die Zahlungen betrugen insgesamt 207193,04 €.

Fördermöglichkeiten in einigen Bundesländern

Freistaat Bayern

Der „Schutz gegen wildlebende Raubtiere" wird in Bayern nach den Europäischen Meeres- und Fischereifonds (EMFF) gefördert (https://www.stmelf.bayern.de/agrarpolitik/foerderung/094470/index.php) Darunter fallen auch Abwehrmaßnahmen gegen Kormorane. Typischerweise sind das Teichüberspannungen oder Knallgeräte. Die Zuschüsse werden selten in Anspruch genommen. Dies könnte an der teichwirtschaftlichen Struktur in Bayern und an der „effektiveren" Möglichkeit von rechtlich zulässigen Abschüssen liegen.

Brandenburg:

Grundsätzlich bietet der Europäische Meeres- und Fischereifonds (EMFF) eine Fördermöglichkeit für Maßnahmen zum Schutz vor Verlusten durch Prädatoren. Im Land Brandenburg wird diese Möglichkeit im Zusammenhang mit der Prävention von Kormoranschäden nicht genutzt. Erstens würden aufgrund der großen (zu überspannenden) Teichflächen gigantische Investitionskosten auflaufen. Dafür ist weder der Umfang der Fondsausstattung ausgelegt noch der fünfzigprozentige Fördersatz geeignet. Zweitens sei ergänzend anzuführen, dass in der Seen- und Flussfischerei eine Prävention ohnehin nicht möglich ist.

Nordrhein-Westfalen

In Nordrhein-Westfalen gibt es zwei Förderungen:
1. Präventive Maßnahmen zum Schutz vor Kormoraneinflug (z. B. Überspannungen von Teichanlagen) werden in NRW mit einem Fördersatz von 50% für Aquakulturbetriebe aus dem Europäischen Meeres- und Fischereifonds (EMFF) gefördert.

2. Zusätzlich gibt es die Möglichkeit für Karpfenteichbetriebe, die am NRW Teichförderprogramm aus dem EMFF teilnehmen, bis zu 50 Prozent des nachgewiesenen Verlustes durch Kormoraneinflug bis zu einer Verlusthöhe von 800 Euro pro Hektar Teichfläche mit maximal 400 Euro pro Hektar als Ausgleichszahlung erstattet zu bekommen.

3. Für Präventivmaßnahmen (Teichüberspannungen) wurde im Jahr 2017 insgesamt ein Zuschuss in Höhe von insgesamt 15.009,34 Euro gezahlt. Im Jahr 2018 wurden erstmalig Ausgleichszahlungen an einen Karpfenteichbetrieb in Höhe von 9.348,73 Euro ausgezahlt.

Freistaat Sachsen

Im Freistaat Sachsen können Unternehmen der Aquakultur über die Richtlinie Aquakultur und Fischerei, RL AuF/2016, die Förderung von 50% für Maßnahmen zum Schutz der Anlagen gegen wild lebende Tiere beantragen. Geeignete Maßnahmen gegen Kormorane sind nach Angaben der Fischereireferentin Ulrike Weniger jedoch bei großen Teichflächen technisch zu aufwendig oder gar nicht umsetzbar, eine Prävention also in vielen Fällen nicht möglich. Gefördert wurden 2017 und 2018 mangels Anträgen keine Maßnahmen.

Sachsen-Anhalt

Maßnahmen zur präventiven Kormoranabwehr bzw. zur Verminderung des Kormoranfraßes können auf der Grundlage der Kormoranverordnung des Landes Sachsen-Anhalt (KorVO LSA) vom 15. September 2014 ergriffen werden, die am 01. Januar 2015 in Kraft getreten ist. Die Verordnung dient sowohl dem Schutz der natürlichen Fischfauna, als auch der Abwendung erheblicher fischereiwirtschaftlicher Schäden durch Kormorane. Zu diesem Zweck dürfen die dazu berechtigten Personen Kormorane in bestimmten Bereichen bejagen und die Entstehung neuer Brutkolonien verhindern. Durch diese Maßnahmen sollen Kormorane bei drohenden Schäden aus diesen Bereichen vergrämt werden. Das Land Sachsen-Anhalt fördert gegenwärtig keine Maßnahmen zur präventiven Kormoranabwehr bzw. zur Verminderung des Kormoranfraßes.

Schleswig-Holstein

Der Europäische Meeres- und Fischereifonds (EMFF) bietet die Möglichkeit, Maßnahmen zum Schutz vor Verlusten durch Beutegreifer (auch Prädatoren genannt) zu fördern. Dazu können zum Schutz vor Kormoranen beispielsweise Überspannungen und Einhausungen (Überdachungen) von Teichwirtschaften zählen - im Hinblick auf Schäden durch Fischotter beispielsweise auch Einzäunungen oder ähnliches. Im aktuellen EMFF können für derartige Maßnahmen Zuschüsse von bis zu 50 Prozent gezahlt werden; auch im Vorgängerfonds EFF war eine vergleichbare Förderung bereits möglich. In den letzten Jahren hat allerdings kein Teichwirt in Schleswig-Holstein diese Förderung beantragt. Die Gründe dafür dürften vielschichtig sein. In persönlichen Gesprächen mit den Teichwirten wird häufig berichtet, dass ein Zuschuss von 50 Prozent zu gering sei und die privat aufzubringende Summe zu hoch, so dass entsprechende Projekte nicht umsetzbar sind. Der EU-rechtlich vorgeschriebene Rahmen lässt eine höhere Förderung gleichwohl nicht zu. Landesrechtlich wären höhere Fördersätze nur unterhalb der De-minimis-Bagatellgrenzen möglich[61].

„Aufgrund der anhaltenden kontroversen Diskussionen über Kormoranschäden in der Teichwirtschaft und an Beständen bedrohter Fischarten sowie mögliche Maßnahmen zur Schadensabwehr wurde am bayrischen Landesamt für Umwelt (LfU) ein Expertengremium aus Vertretern der Fischerei-, Naturschutz- und Jagdbehörden eingerichtet. Auf Vorschlag dieses Fachgremiums wurden ab Januar 2011 zwei befristete Projektstellen geschaffen, eine am Landesamt für Umwelt und eine an der Landesanstalt für Landwirtschaft (LfL). Durch eine dieser Stellen wurden die Teichgebiete (Aischgrund, Waldnaabaue), durch die andere zwei Fließgewässersysteme (Mindel, Schmutter) bearbeitet.
Aufgabe der mit den Modellprojekten Beauftragten war es, Abwehr- und Vorbeugemaßnahmen auf Eignung und Effizienz zu prüfen, geeignete Maßnahmen zu bündeln, die unterschiedlichen Aktionen zu koordinieren und durch Abstimmung mit allen Betroffenen zu einer Versachlichung der Kormorandiskussion beizutragen. Ein wichtiges Ziel war dabei die Verbesserung der Kenntnisse über eine wirksamere Schadensabwehr bzw. zum Schutz bedrohter Fischarten wie z. B. Äschen, Nasen, Koppen und Schneider. Die Erfahrungen aus den Modellprojekten könnten für die Entwicklung, Koordination und Durchführung von Maßnahmenkonzepten in vergleichbaren Regionen herangezogen werden"[62].
Derzeit gibt es im Aischgrund etwa 7 000 Teiche mit einer Gesamtfläche von ca. 2.800 ha, die hauptsächlich von Landwirten, meist im Nebenerwerb, bewirtschaftet werden (OBERLE 2012). Der überwiegende Anteil befindet sich dabei im Landkreis Erlangen-Höchstadt, jedoch haben auch die benachbarten

---

61 Siehe Anhang
62 LfU-Modellprojekt Zum Kormoranmanagement Endbericht Fliessgewässer, Seite 5
    Mit freundlicher Genehmigung des Bayerischen LfU

Landkreise Neustadt/Aisch-Bad Windsheim, Bamberg und Erlangen nennenswerte Teichflächen.

„Die Vielzahl an kleinen Teichen - die durchschnittliche Teichgröße beträgt nur 0,4 ha – trägt zu einer hohen Struktur- und Artenvielfalt bei. In den vier Jahren der Verträglichkeitsstudie in den Teilgebieten des SPA (Special protected Area, der Autor) Aischgrund konnte kein klarer Zusammenhang von Bestandstrends bzw. Bruterfolg der Zielarten und dem Abschuss von Kormoranen nachgewiesen werden; der Erhaltungszustand der Arten verschlechterte sich nicht. Die Ursachen für Bestandsschwankungen bei manchen Arten, insbesondere von Schnatterente und Knäkente, werden in sonstigen Störungen, schwankenden Witterungsverläufen sowie positiven/negativen Habitatveränderungen gesehen (SCHOTT et al. 2014). Die Verluste durch den Kormoran konnten durch den Abschuss deutlich reduziert werden, so dass die Erträge nach Aussagen der Teichwirte wieder auf einem „akzeptablem Niveau" lagen.

Entscheidend für den Erfolg der Maßnahme war die Beteiligung und Einbindung sämtlicher Interessensgruppen von Beginn an sowie die vertrauensvolle und intensive Zusammenarbeit zwischen Jägern, Teichwirten, Vogelschützern, Behörden und dem Kormoranbeauftragten. Die erfolgreiche Umsetzung des Konzepts in die Praxis ist insbesondere den örtlichen Jägern geschuldet, die in einem durchdachten Zonenkonzept aus Ruhe- und Abschussbereichen diszipliniert und engagiert die Abschüsse durchgeführt haben"[63].

Dies sind die Ergebnisse der zwei Modellprojekte in Bayern. Sie haben Eingang gefunden in die Entwicklung eines Leitfadens für ein Kormoranmanagement. Aus diesem Leitfaden geht hervor, dass bei einer geeigneten Teichüberspannung mit Drähten und Fäden sehr gute Abwehrwirkungen erzielt werden. Das gilt erst recht bei einer Teichüberspannung mit Netzen und Einhausungen. Natürlich gibt es auch hier Nachteile. Die aufgeführten Nachteile sind zahlreich, die schwerwiegendsten dürften die Eignung nur für kleinere Teichgrößen und vor allem die hohen Kosten sein. Vergleichsweise kostengünstig und wartungsarm sind Schutzkäfige und Unterwasserzäune, aber die Schutzwirkung ist abhängig von der abgedeckten Teichfläche, der Fischart, Besatzdichte und der Höhe des Ertragsniveaus. Außerdem ergeben sich Erschwernisse bei der Bewirtschaftung.

---

63 Aus dem LfU-Modellprojekt zum Kormoranmanagement , Endbericht Teichwirtschaft, Seite 38. Zitate mit freundlicher Genehmigung des LfU

Teilprojekt Teichwirtschaft:
„In der Gesamtschau zeigt sich nach der vierjährigen Projektlaufzeit, dass ein einzelnes Managementinstrument oft nicht ausreicht, um zu befriedigenden Ergebnissen zu führen. Insbesondere in größeren Teichgebieten (vor allem. auch in Naturschutz- und europäischen Vogelschutzgebieten) bedarf es einer auf die teichwirtschaftliche Struktur und die naturschutzfachlichen Besonderheiten abgestimmten Herangehensweise und einer Kombination verschiedener Managementansätze. Die zum Teil komplexen Konzepte erfordern eine individuelle Ausrichtung an die regionalen Gegebenheiten. Im Aischgrund stellte sich – neben den bestehenden Allgemeinverfügungen - der Abschuss von Kormoranen während der Sommermonate in ausgewählten Teilen des SPA-Gebietes (Europäisches Vogelschutzgebiet) als die Maßnahme heraus, welche am Wesentlichsten zur Entspannung der Kormoranproblematik beigetragen hat. Dieser Lösungsansatz ist hier nur erfolgreich gewesen, weil Teichwirte, Vogelschützer, Jäger und Behörden gleichermaßen an einer Lösungsfindung interessiert gewesen waren. Es ist gelungen, die durch Kormorane verursachten Schäden mit vertretbarem Aufwand zu reduzieren, ohne die Zielarten der Vogelschutzgebiete nachweislich zu beeinträchtigen. Der vertrauensvolle Umgang unter den Beteiligten sowie die bereitwillige und offene Zusammenarbeit mit den Behörden und dem Projektbearbeiter hatten sich als Schlüsselfaktoren herausgestellt, die wesentlich zum Gelingen des Projektes im Aischgrund beigetragen haben … Das Modellprojekt hat zu einer Versachlichung und Beruhigung der sehr kontroversen Diskussionen beigetragen[64]“.

Teilprojekt Fließgewässer:
„Ein erfolgreiches Kormoranmanagement im Sinne des Fischartenschutzes funktioniert nur mit einem intakten Kommunikationsnetz aller Beteiligten aus Fischerei, Landwirtschaft, Wasserwirtschaft, Jagd und Naturschutz. Ohne die Anwesenheit eines Koordinators ebben der Kommunikationsfluss und das Engagement schnell wieder ab. Eine wichtige Herausforderung für die
Zukunft besteht daher auch darin, das Eigeninteresse der Betroffenen am Fischartenschutz zu fördern und den Kommunikationsfluss langfristig sicherzustellen.

Eine effektive Kormoranvergrämung sollte am Fließgewässer in der Regel gezielt an den Schlafplätzen stattfinden. Ganze Flussabschnitte oder auch nur einzelne sensible Bereiche vor Ort vor dem Fraßdruck der Kormorane zu schützen ist mit vertretbarem Aufwand in aller Regel kaum realisierbar.

---

64 Endbericht des Teilprojektes Teichwirtschaft a. a. O. (siehe Anhang)

Die effektivste Strategie besteht darin, einzelne Kormorane aus größeren Trupps, die ihre Schlafplätze anfliegen, letal zu vergrämen. Solche Abschussaktionen sollten koordiniert und intensiv, aber nur an wenigen Tagen durchgeführt werden. Idealerweise wird der Zeitpunkt der Vergrämungsaktion auf Phasen gelegt, in denen Kormorane beginnen, einen Schlafplatz saisonal oder neu zu etablieren. Die Abschüsse können dabei auf das unmittelbar Notwendige begrenzt werden. Dies bedeutet z. B., dass allein fliegende Kormorane geschont werden können. Damit kann die Anzahl von Abschüssen aufs ganze Jahr gesehen verringert, aber der Effekt gegenüber herkömmlichen, unkoordinierten Vergrämungsabschüssen wesentlich erhöht werden.

Der konkrete Einsatz dieser Methode, also eine effektive Vorgehensweise, erfordert eine große Erfahrung, welche die meisten Fischereivereine oder Jagdpächter zunächst nicht mitbringen. Hier muss ein Kormoranmanagement mit Schulungen, Vorträgen und Informationen ansetzen. Bei allen Vergrämaktionen im Projekt konnte eine hochwirksame Vergrämung nur nach Anleitung durch den Projektbetreuer erreicht werden. Grundsätzlich sollte aber eine intensive Beratung ausreichen[65]".

Vorschnell abgetan wird der Einsatz von Lasergewehren zur Kormoranabwehr, obwohl diese Gewehre nur Anschauwaffen sind. Sie sind allerdings nicht ohne Risiken. Der Einsatz von Lasergewehren zur Kormoranvergrämung an den Schlafplätzen und auf den Brutbäumen ist aus Gründen des Tierschutzes und des Gesundheitsschutzes, des Risikos des falschen Gebrauches umstritten. Die Bundesregierung hatte in ihrer Antwort auf die Kleine Anfrage 16/706 Vergrämungstechnik wie Laserwaffen negativ bewertet. Sie hätten sich in der Praxis nicht dauerhaft bewährt. Die Bewertung durch die Intercafe-Gruppe ist jedoch bei allen Einschränkungen und Bedingungen in der Tendenz positiv. Zu diesem Ergebnis kam auch Thomas Keller bereits in seiner Übersicht aus dem Jahre 1996. Die Scheuchwirkung dieser nicht letalen Methode beruhe auf einer Schreckreaktion der vom hellen Lichtpunkt getroffenen Vögel. Das Gewehr sei daher nur bei schlechten Lichtverhältnissen in der Morgen- und Abenddämmerung wirksam und somit besonders für Scheuchaktionen an Schlafplätzen geeignet. Er nennt dann erfolgreiche Beispiele.

Auch Volker Guthörl [66]relativiert die vielfach vertretene Ansicht, Lasergewehre hätten sich nicht bewährt. Nach seiner Meinung könnten sensible Standorte geschützt und einzelne Kolonien aufgelöst werden. In dem Schlusskapitel seines

---

65 Endbericht des Teilprojektes Fließgewässer (siehe Anhang)

66 a. a. O.

Buches setzt er sich mit der Kritik an Laserwaffen auseinander und kommt auch zu einer eher positiven Bewertung. Da die Geräte teuer seien, müsste das Kosten-Nutzen -Verhältnis geprüft werden. Außerdem gebe es beim Lasergewehr wie allen nichtletalen Vergrämungsmethoden Gewöhnungseffekte. Deshalb rät er, „als Zugabe zum harmlosen Laserstrahl gelegentlich scharf zu schießen, damit die lernfähigen Kormorane verstehen, dass das ganze keine „Lasershow" zur nächtlichen Vogelbelustigung ist".

Wie unterschiedlich die Wirkung beim Einsatz in Brutkolonien die Wirkungen sein kann, geht aus einer Untersuchung der Universität Rostock hervor. Christof Herrmann zitiert die Untersuchung im MV-Kormoranbericht 2012 so.: „Das Vergrämen der brütenden Altvögel mit dem Lasergewehr zur Reduzierung des Bruterfolges erbrachte 2012 keinen signifikanten Einfluss der Maßnahmen auf die Reproduktion des beeinflussten Koloniebereiches. Dies lag offenbar an den recht milden nächtlichen Temperaturen (10,0 °C bis 6,5 °C) während des nur in einer Nacht durchgeführten Versuches. Dagegen waren 2010 (Vergrämen in zwei Nächten bei 7,5 °C bis 5,7 °C und 4,5 °C bis 0,3 °C) und 2011 (Vergrämen in zwei Nächten bei 9,0 °C bis 3,9 °C und 9,3 °C bis 6,7 °C) Schlupferfolg und Bruterfolg im beeinflussten Bereich signifikant kleiner als im ungestörten Kontrollbereich. Die Dauer der Störungen betrug 3,0 h in 2010 sowie je 3,5 h in 2011 und 2012. Datenlogger in beeinflussten Nestern zeigten, dass die Brutvögel der unteren Nester nach der Störung die gesamte Nacht dem Gelege fern blieben. Brutvögel der höher gelegenen Nester waren dagegen nur schwer oder gar nicht zur Flucht zu bringen". Der Einsatz von Lasergewehren könnte zur Auflösung von Schlaf- und Brutplätzen dienen, aber nicht den Bruterfolg reduzieren, gibt Herrmann zu bedenken.

Auch wenn Dr. med. Thienel Gewehre der Laserklasse 3 B auf der BfN-Tagung 2006 als ungeeignet für die Kormoranabwehr gewertet hat und auf Einsatzverbote hinwies, sollten diese Anscheinwaffen von Modellversuchen nicht von vornherein ausgeschlossen werden. Dr. Till Backhaus, Landwirtschafts- und Umweltminister Mecklenburg-Vorpommerns, hatte Mitte November 2017 trotz der vorangegangen Modellversuche den Einsatz von Laserwaffen wieder ins Gespräch gebracht. In einer Pressemitteilung seines Ministeriums[67] hieß es: „An Binnengewässern, wo 15 Prozent der hiesigen Brutpaare leben, ermögliche die Kormoran-Verordnung Mecklenburg-Vorpommerns bereits jetzt unter bestimmten Bedingungen, etwa außerhalb der Brutzeit und der Schlafquartiere, die Vergrämung und den Abschuss eines Teils der Vögel mit dem Ziel, „erhebliche fischereiwirtschaftliche Schäden in Binnengewässern" abzuwenden. Jährlich würden etwa 1 000 Individuen geschossen. Wirksam sei die Kormoran-Verordnung, die darauf abzielt, Neugründungen von Brutkolonien durch Störungen zu verhindern, allerdings nur an Binnengewässern. Um eine spürbare Reduktion des gesamten Bestandes zu erwirken – 85 Prozent der Kormorane leben an den Küstengewässern – müssten Vergrämungsmaßnahmen beispielsweise durch den Einsatz von Lasergewehren in erheblichem Umfang und über einen langen Zeitraum durchgeführt werden, zumal freie Brutplätze im Küstenbereich sehr schnell nachbesetzt werden. Einem Gutachten der Universität Rostock zufolge müssten jährlich 7.500 Paare vom Brüten abgehalten werden, um einen Bestandsrückgang zu erreichen". Herrmann hält das allerdings nur unter der unrealistischen Voraussetzung für möglich, dass keine Zuwanderung erfolgt.

Gewehre niedriger Laserklasse sollten nach Meinung des Autors vor allem an Schlafplätzen weiter erprobt werden. Wenn auch diese Lasergewehre eine Schreckwirkung auf Kormorane in Schlafbäumen hätten, genügten vielleicht einige wenige von mehren Jägern an einem Gewässerverlauf abgefeuerte tödliche Schüsse, um Kormorane weiter als an den nächsten Gewässerabschnitt zu vertreiben. Einen Test mit Ausnahmegenehmigen wäre es allemal wert.

VIII. Lokale Konsenslösungen
über Runde Tische

Gemeinsame Zählaktionen von Naturschützern und Anglern sowie die Beteiligung an Kormoran-Arbeitskreisen, die Fachbereiche, Behörden und Verbände übergreifen, gibt es in mehreren Bundesländern. Sie sind Beispiele für ein Zusammenwirken bei der Konfliktregelung, wenn auch nur ein Anfang und noch kein Interessenausgleich. Die Naturschutzverbände wurden und werden im Rahmen der Verbändebeteiligung in allen Bundesländern in die Gestaltung von Kormoranverordnungen einbezogen. Meistens lehnen sie in ihren Stellungnahmen die Verordnungsentwürfe ab. Die Kormoranverordnungen unterscheiden sich von Land zu Land in den Regelungen über die Gebiete, für die sie gelten, den Entfernungen und Zeiten, die bei den nur ausnahmsweise zulässigen Abschüssen einzuhalten sind.

Den Verbänden steht der Klageweg offen. Die bisherige Bilanz der Klagen ist aus der Sicht der Naturschützer wenig ermutigend[68]. Wenn die Naturschutzverbände aber dennoch den von ihnen häufig mit wenig Erfolg beschrittenen Klageweg gegen Kormoranverordnungen oder artenschutzrechtliche Ausnahmeverfügungen wie zuletzt in Sachsen-Anhalt (Beschluss vom 31.07.2018 BVerwG 4 BN 13.18 ECLI:DE:BVerwG:2018:310718B4BN13.18.0) ausgeschöpft haben, sollten sie die Umsetzung dieser Verordnungen in Arbeitsgruppen oder Runden Tischen wie in Teilen Bayerns mitgestalten.

Die Etablierung Runder Tische ist in der Oberpfalz beispielhaft geschehen. Am Runden Tisch hat auch der Vertreter des LBV der Ende April 2018 beschlossenen Verlängerung der Allgemeinverfügung bis zum Jahr 2027 zugestimmt. Am Ende seien sich alle Beteiligten einig gewesen, heißt es in einer Pressemitteilung der Regierung der Oberpfalz[69], dass die seit 2010 bestehende Allgemeinverfügung unverändert weiter gelten sollte.

Am Bodensee ist ein wissenschaftlich begleiteter Großversuch bedauerlicherweise nicht zustandekommen. Dies sollte aber gerade diejenigen nicht entmutigen, die die hohen Abschusszahlen verringern und nicht tödliche Abwehrmaßnahmen verstärken wollen.

---

68 Es gab jedoch erfolgreiche Klagen gegen Maßnahmen zur Reduzierung des Bruterfolges durch nächtliche Störungen
69 Presseinfo der Regierung der Oberpfalz Nr.46 vom 26.4.2018

Das generelle Problem eines Bestandszuwachses lässt sich zwar nach der vorherrschenden Meinung nur lösen, wenn europaweit koordinierte Maßnahmen in das Brutgeschehen ergriffen würden, etwa mit dem Austausch oder Einölen der Eier, wo dies praktikabel ist. Solche Maßnahmen müssten über einen längeren Zeitraum und intensiv erfolgen. Die Gelegemanipulation durch Einölen der Eier, deren Austausch durch Plastikeier oder Zerstören der Gelege kann nach Ansicht Herrmanns allerdings nur als relativ „sanfte" Maßnahme zur Minderung spezifischer, lokaler Konflikte geeignet sein. Professor Konrad Ott von der Universität Greifswald hat auf der BfN-Kormoran-Fachtagung 2006 darauf hingewiesen, dass aus umweltethischer Sicht nichts gegen eine Gelegemanipulation spreche. Als Strategie für ein Populationsmanagement eines größeren Bezugsraums (z. B. ein Bundesland oder die Bundesrepublik Deutschland) ist sie nach Ansicht Herrmanns jedoch nicht zuletzt auch aus technischen Gründen ungeeignet. Eine Wirksamkeit auf Populationsebene wäre nur gegeben, wenn ein hinreichend großer Anteil der europäischen Gesamtpopulation von derartigen Maßnahmen erfasst werden würde. Dies dürfte jedoch kaum erreichbar sein, meinte der Wissenschaftler, da Gelege von auf Bäumen brütenden Kormoranen in der Regel für derartige Eingriffe gar nicht oder nur mit sehr hohem Aufwand zugänglich seien. „Weiterhin sehen einige Länder mit sehr großer Kormoranpopulation keine Notwendigkeit für Managementmaßnahmen (z. B. Holland). Zu berücksichtigen ist auch, dass durch einen erhöhten Bruterfolg in nicht manipulierten Nestern die Auswirkungen von Gelegemanipulationen abgeschwächt werden.[70]"

Den Versuch einer Lenkung der Kormoran-Bestände sieht Herrmann nach den Erfahrungen mit einer Bestandslenkung bei Möwen[71] als wenig erfolgversprechend an. Er kommt in seinem Artikel über die Lenkung der Möwenbestände an der Ostseeküste zu diesem Ergebnis: „Die Erfahrungen mit dem „gelenkten Seevogelschutz" haben gezeigt, dass selbst bei intensiver Verfolgung, wie sie bei der Silbermöwe praktiziert wurde, mit sehr großem Aufwand bestenfalls lokal oder in begrenzten Gebieten eine vorübergehende Absenkung der Brutbestände erreicht werden konnte. Die Ausbreitung und Bestandszunahme der Art in der Nord- und Ostsee insgesamt wurde nicht verhindert oder auch nur ernsthaft gebremst (Becker & Erdelen 1986, 1987)" Es zeige sich vielmehr, dass Arten mit hoher Reproduktionskapazität, sofern die sonstigen Umweltfaktoren wie Nahrung und Brutplatzangebot für sie günstig seien, auch sehr hohen anthro-

---

70 Herrmann, BfN-Fachtagung Kormoran 2006
71 Herrmann, Bestandslenkung bei Möwen (siehe Anhang)

pogen verursachten Verlustraten widerstehen. Dies würde auch die langfristigen
Folgen eines Eingriffs in das Brutgeschehen relativieren.

Die begrenzten unmittelbaren Folgen einer Lenkung der Kormoranbrutbestände [72] waren in Versuchen in Brandenburg in den Jahren 2005, 2006 und 2007
untersucht und veröffentlicht worden. Diese Versuche waren von staatlichen
Naturschützern begleitet. Ein Ergebnis: „Der Eingriff (Störungen durch Licht
und Lärm während der Brutzeit) sollte nur in einem Drittel der Kolonie „Alter
Wochowsee" erfolgen. Er ließ sich jedoch nicht steuern und erfasste die gesamte
Kolonie. Etwa 78 % der Brutpaare hatten Brutausfälle, sodass etwa 990 Jungvögel nicht schlüpften".

Das Töten von geschützten Kormoranen sollte nach Ansicht des Autors die letzte Möglichkeit bleiben, wenn andere Maßnahmen einen schweren wirtschaftlichen Schaden oder das Sterben einer Art in einem Gewässer nicht verhindern
können. Kormorane schicken nach den Erfahrungen der Jäger abends zunächst
einen Erkundungstrupp auf die Schlafbäume los. Wenn die Jäger einige diese
Aufklärer schießen, zieht die Hauptgruppe der Kormorane ab. Zu letalen Maßnahmen sollte nicht von vornherein gegriffen werden, weil sie sich als wirtschaftlicher und effektiver erwiesen haben. Der Schutz der Natur und Umwelt
ist einen höheren Preis wert. Auf dieser Grundüberzeugung basiert auch die
Energiewende.

Ein Mut machendes Beispiel für nicht letale Abwehrmaßnahmen aus den USA
hat Dr. Thomas Keller bereits 1996 in seiner Übersicht über Maßnahmen zur
Kormoranabwehr[73] geschildert. Im Winter 1993/94 sei im Süden der USA, im
so genannten Mississippi-Delta, einem Gebiet mit großen Welszuchtbetrieben,
die zusammen über 20 000 ha Wasseroberfläche aufwiesen, versucht worden,
die Verweildauer der durchziehenden Kormoranschwärme wesentlich zu verkürzen. Im Februar 1994 sei mit den Vergrämungsmaßnahmen begonnen worden. Dabei habe man sich ausschließlich für nichtletale Methoden entschieden.
Es seien nur Schreckschusspistolen, Heuler und Knallkörper eingesetzt worden.
Kein einziger Kormoran sei getötet worden. Ziel der Operation sei es gewesen,
durch regelmäßige und koordinierte Störungen an möglichst allen Schlafplätzen
der Region, die Vögel so schnell wie möglich zum Weiterzug in Richtung ihrer
Brutgebiete zu veranlassen.

---

72 Reduktion des Brutaufkommens in Kormorankolonien durch gezielte Störungen im
    Land Brandenburg, GERTFRED SOHNS & TOBIAS DÜRR, https://lfu.brandenburg.de/
    media_fast/4055/vsw_korm05.pdf

73 a. a. O.

Im März 1994 sei ein Rückgang der Anzahl fischender Kormorane von 43 bis 87 Prozent festgestellt worden. Der als sehr erfolgreich bewertete Versuch sei im Winter 1994/95 wiederholt worden. Keller beschreibt dann den Personalaufwand und die abgefeuerten Schreckschüsse bzw. eingesetzten Feuerwerkskörper und urteilt: „Das Resultat war überaus positiv. So konnte die Anzahl der Kormorane an den Schlafplätzen von 21218 im Februar 1993 auf 286 im Februar 1994 verringert werden. Die Gesamtkosten hätten sich auf ca. 15 000 US-Dollar belaufen, wobei etwa zwei Drittel auf Personalkosten entfallen seien. Im Vergleich zu den auf jährlich etwa zwei Millionen Dollar bezifferten Kormoranschäden, meint Keller, erscheinen die Kosten des gesamten Versuchs als äußerst gering.

Wer sich für das Verscheuchen der Kormorane durch Pyrotechnik und Gaskanonen interessiert, sollte die Kapitel 4.1.1. und 4.1.2. der Intercafe Management Toolbox über das akustische und optische Verscheuchen der Kormorane lesen. Knallgeräte sind wegen der Lärmbelästigung in Wohnortnähe nicht und zudem nur an kleineren Teichen sinnvoll einsetzbar. Sie sollten variable Zündintervalle haben und häufig ihren Standort wechseln, um zu verhindern, dass sich die Vögel an sie gewöhnen. In Israel wurden sie auf Fahrzeuge montiert. Auch Pyrotechnik kann extrem effektiv sein und ist kostengünstig. Der Einsatz von Drohnen zur Vergrämung von Kormoranen - vielleicht mit Knallgeräten bestückt - sollte unter Berücksichtigung seiner positiven und negativen Effekte getestet werden. Eingesetzt werden sollten sie nach einer fachlichen Einweisung durch Kormoranmanagement-Berater und einer Genehmigung der Naturschutzbehörden an Gewässern abseits von Ortschaften, nicht aber in Vogelschutzgebieten. Dies sollte auch für den umstrittenen Einsatz von Lasergewehren gelten.
Über Möglichkeiten und Maßnahmen zur Kormoranabwehr hatte die Bundesregierung 2006 bei allen Zweifeln an einzelnen Interventionen in ihrer Antwort auf eine Kleine Anfrage der FDP[74] geurteilt: Summarisch sei festzuhalten, dass es auch nichtletale Abwehrmöglichkeiten gebe. Deren Effektivität sei umso höher, je eher eine Gewöhnung von Kormoranen verhindert werden könne (z. B. durch intensive, aber unregelmäßige Anwendung und /oder Kombination verschiedener Methoden.)
Das Verscheuchen der Kormorane gelingt nach allgemeiner Erfahrung umso besser, je häufiger Menschen präsent sind. Wenn die Täuschung durch Vogelscheuchen oder durch die wiederkehrende Anwesenheit von Menschen

74 Siehe Anhang: Der Kormoran im Bundestag

nicht gelingt, müssten wohl doch nach Ansicht des Autors einige gezielte Vergrämungsschüsse fallen. Das Verscheuchen führt zwar meistens nur zu einer Problemverlagerung an den nächsten Teich, Fluss oder See, der den Kormoranen attraktiv erscheint, aber dieses „Beggar my Neighbour" muss in Kauf genommen werden, da die Hoffnung der Teichwirte, Angler und Fischer auf eine paneuropäische Lösung eine blanke Illusion ist.

An der Mittleren Isar und am Rhein in der Schweiz gibt es Kormoranpatrouillen. Im Kanton Zürich existiert eine Spezialbewilligung zum Sonderabschuss von Kormoranen vom Boot aus, auch mit laufendem Motor auf dem gesamten Rheinabschnitt zwischen Rheinfallbecken und Aargauer Kantonsgrenze. Der vielfach als nachahmenswert angesehene Schweizer Managementplan[75] von 2005 ist im Kanton Zürich weiterhin in Kraft und wird auch vollzogen (siehe Intercafe Management-Toolbox Kapitel 6.11). Mit der jeweils für eine Pachtperiode (im Kanton Zürich wird die Revierjagd ausgeübt) erlassenen Verfügung «Sonderabschuss von Kormoranen», aktuell vom 1. April 2017, werden in gewissen Gebieten Abschüsse gestattet. In größeren Seen über 50 ha und in Flussstauen werden die Kormorane bewusst geschont, während die Vergrämung in den Fliessgewässern und den kleineren stehenden Gewässern erfolgt. Dieser Mechanismus des Vergrämens der Kormorane hat zum Zweck, die Bestände von gefährdeten Fischarten in Fliessgewässern während der Wintermonate zu schützen. Diese Abschüsse dienen einzig der Vergrämung[76], wie Manuel Bünzli von der Fischerei- und Jagdverwaltung des Kantons Zürich gegenüber dem Autor betonte, und nicht der Bestandsregulierung. Zu beachten ist in diesem Zusammenhang, dass der Kormoran im Kanton Zürich eine kantonale geschützte Art ist. Mit der laufenden Revision der kantonalen Jagdgesetzgebung soll der Kormoran aber entsprechend der bundesrechtlichen Jagdgesetzgebung[77] regulär jagdbar werden.

Seit 2012 wird eine Strecke an der Mittleren Isar von vier Jägern nahezu täglich im Wechsel mit Schwerpunkt im Winterjahr befahren. Dabei werden Kormorane mit Abschüssen vergrämt. Bei der Vergrämung kommt es nach den Erfahrungen der Isarfischer nicht auf die Zahl der erlegten Kormorane, sondern auf die dauerhafte Präsenz der Jäger an. Auch Spaziergänger mit einem Stock hätten eine vergrämende Wirkung gehabt. Wenn man diese Erfahrungen mit

---

75 http://www.news-service.admin.ch/NSBSubscriber/message/attachments/371.pdf
76 Schriftwechsel mit dem Autor
77 Vgl. Bericht des Expertenausschusses Fischerei an das Plenum der Oberrheinkonferenz
    zum Thema „Kormoran" (Link im Anhang).

den von Keller geschilderten Ergebnissen des Mississippi-Projektes kombiniert, liegt eigentlich ein neuer Modellversuch nahe. Warum starten Angler, Jäger und Naturschützer nicht einen gemeinsamen Versuch mit einem Mix von nichtletalen und, wenn dies nicht wirkt, letaler Vergrämung? Ein solcher Versuch könnte aus gemischten Patrouillen bestehen, einem Naturschützer und einem Jäger. Der Naturschützer wäre mit einem Schreckschussgewehr oder Pyrotechnik „bewaffnet" und der Jäger käme erst zum Zug, wenn die nichtletale Vergrämung ohne Wirkung bliebe. Solche Patrouillen sind zwar zeit- und personalaufwendig. Wenn sich aber aus einem großen Verein unter den Senioren oder anderen Nichtberufstätigen ehrenamtliche Patrouilliere fänden, es geringe Aufwandsentschädigungen gäbe, müssten sie sich finanzieren lassen. Die Kormorane könnten dann auch aus Bayern früher in ihre Brutgebiete zurückkehren und nicht nur an den nächsten Gewässerabschnitt. Ein solcher Versuch könnte helfen, die Zahl der Abschüsse und die Schädigung der Gewässer wenigstens für einige Zeit zu begrenzen.

In Bayern ist in den Konflikt zwischen Naturschützern und Berufs- und Hobbyfischern bereits ein bisschen Frieden eingekehrt – bei Aufrechterhaltung ihrer gegensätzlichen Standpunkte. Von einem „Kormorankrieg", meinen die Organisatoren „Runder Tische", könne man nicht mehr sprechen. Die Waffen schweigen allerdings nicht. Der Landesfischereiverband Bayern (LFV) beschrieb in seiner Broschüre „Kormoran und Fischbestand - eine unendliche Geschichte?[78]" im Jahr 2010 das konsensorientierte pragmatische Verfahren zur Befriedigung so:
Derzeit existierten in allen Regierungsbezirken regionale Allgemeinverfügungen. Allerdings seien die Befugnisse sowohl inhaltlich als auch räumlich gesehen stark unterschiedlich, was der LFV bedauert. In der Regel werde von den Höheren Naturschutzbehörden im Rahmen von Runden Tischen versucht, die sich diametral entgegenstehenden Forderungen der betroffenen Behörden, Verbände und Vereine bzw. Einzelpersonen in Einklang zu bringen. Dieses Vorgehen habe mitunter - aus fischereilicher Sicht - zu zufriedenstellenden Ergebnissen geführt.
Auf Landesebene gebe es seit Dezember 2009 ein interdisziplinär besetztes Fachgremium zur Kormoranproblematik. In diesem Gremium seien nur Behörden (Landesamt für Umwelt, Fischereifachberatung Schwaben und Oberfranken, Regierung von Unterfranken, Regierung von Mittelfranken, Landesanstalt für Landwirtschaft, Institut für Fischerei). Ziel dieses Gremiums sei es, das umfangreiche Expertenwissen zusammenzuführen und auf Konsensbasis

---

  78 a. a. O. Seite 11/12 , siehe auch LfU Kormoranmanagement

Empfehlungen an die ausführenden Vollzugsbehörden auszusprechen. Parallel dazu existiere beim Umweltministerium ebenfalls seit Dezember 2009 ein Arbeitskreis für eine Optimierung des Kormoranmanagements in Bayern. Teilnehmer seien der LFV Bayern, der Bayrische Jagdverband, der Landesbund für Vogelschutz (LBV), der Bund Naturschutz in Bayern (BN), die Hochschule Weihenstephan sowie Vertreter des Bayerischen Staatsministeriums für Umwelt und Verbraucher. Zielsetzung dieses Gremium sei es, auf gemeinsamer Basis Verbesserungsvorschläge zu entwickeln.

Der Landesfischereiverband meinte, trotz der genannten Verordnungen könne das Kormoranproblem nicht in vollem Umfang befriedigend gelöst werden. Eine nachhaltige Sicherung der bedrohten Fischbestände im Binnenland könne letztlich nur durch regulierende Eingriffe in die Brutbestände erreicht werden. Das Hauptproblem in Bayern bildeten nach wie vor die Wintergäste aus Nordeuropa – eine nachhaltige Reduzierung der Vögel an den Brutplätzen im Norden sei bisher jedoch nicht möglich.

In keinem anderen Bundesland werden so viele Kormorane geschossen wie in Bayern. Durchschnittlich sind es 6.800, im Winter 2016/17 stiegen die Abschusszahlen auf über 11.000. Dies entsprach fast exakt dem für 2016/17 gemeldeten gesamten Winterbestand in Bayern. Über die Winterbestände – sie wechseln wie in einem System kommunizierender Röhren mit dem Wetter und dem Brutgeschehen im Norden – sowie über die Auswirkungen der Abschüsse gibt ein zweijährlich vom Landesamt für Umwelt erscheinender Bericht[79] Auskunft.

Die Entwicklung des winterlichen Gesamtbestandes in Bayern innerhalb der letzten Jahre dürfte nicht ausschließlich, aber vorwiegend – von drei Faktoren abhängen:

„Einfluss der Entwicklung in den Brutgebieten: Die küstennahen Brutvorkommen des Kormorans haben seit ca. 2005 im westlichen und mittleren Ostseeraum und 2010 auch im östlichen und nördlichen Ostseeraum deutliche Bestandseinbrüche erfahren. Zurückgeführt wurden diese vor allem auf eine Aneinanderreihung mehrerer harter Winter, in denen zahlreiche Kormorane verendeten, aber auch auf massive Prädation durch Beutegreifer wie den Seeadler, die bereits als Ursache für die Auflösung mehrerer Kolonien angenommen wird (J. Kieckbusch mdl., KIECKBUSCH 2011, C. Herrmann mdl., HERRMANNet al. 2011). Die starken Einbrüche der Brutbestände in den Jahren

---

2010 und 2011 decken sich in auffälliger Weise mit dem Rückgang der mittleren Rastbestände in den darauf folgenden Winterhalbjahren in Bayern.

Auch die Jahre eines stetigen, steilen Anstiegs des bayerischen Winterbestands bis zum Winter 1992/93 mit anschließend relativ stabilen Winterbeständen stimmen mit einem entsprechenden Anstieg der westbaltischen Brutkolonien und der anschließenden Plateauphase überein. Aufgrund der oben erläuterten starken Parallelität zwischen der Entwicklung der westbaltischen Brutkolonien und dem bayerischen Winterbestand ist anzunehmen, dass die Brutbestände im Ostseeraum den größten Einfluss auf das Durchzugs- und Überwinterungsgeschehen in Bayern haben ... Vor allem langfristige Bestandsveränderungen in Bayern scheinen wesentlich von den Brutbeständen der Herkunftsgebiete abzuhängen[80]“.

Witterungseinflüsse werden so beurteilt[81]: Kurzfristig, bei Betrachtung der Veränderungen während eines Winters, dürften Witterungseinflüsse einen wesentlichen Beitrag auf die Veränderung des Bestandes zwischen Früh- und Spätwinter haben. Die in vielen Jahren beobachteten Rückgänge während eines Winters seien vermutlich mit längeren Kältephasen und Winterflucht nach Vereisung einer zunehmenden Anzahl an Gewässern zu erklären. Weiterhin sei ein Teil der Rückgänge ebenso mit dem früheren Heimzug der Tiere zu Beginn der Brutperiode erklärbar, die langfristig bei zunehmend milderen Wintern eine immer größere Rolle spielen könnten.

Über Verfolgung und Störungseinflüsse heißt es in dem Bericht: Über viele Jahre hinweg sei keine Korrelation zwischen der winterlichen Jagdstrecke und dem bayerischen Winterbestand erkennbar. Auffällig sei jedoch eine langfristige signifikante Änderung der Schlafplatzgrößen parallel zur Zunahme der Jagdstrecken ...

Mit der höheren Zahl von zugeflogenen Kormoranen wurden auch in Baden-Württemberg 2016/2017 mehr Kormorane abgeschossen. Von den insgesamt 2256 durch Schüsse getöteten Kormoranen wurden etwa zwei Drittel an Fließgewässern abgeschossen, ein Drittel an stehenden Gewässern. Die Zahl der an Teichanlagen geschossenen Tiere war sehr gering.
Schon in ihrer Antwort auf eine Kleine Anfrage der Abgeordneten Dr. Christel Happach-Kasan und der Fraktion der FDP vom 22.03.2006 (Drucksache

---

80 a. a. O.
81 Herrmann, Schriftwechsel mit dem Autor

16/706) hatte die Bundesregierung darauf hingewiesen, dass Abschüsse im Allgemeinen der Vergrämung dienten. Eine Bestandsreduzierung sei mit ihnen weder angestrebt noch möglich und auch nicht zu beobachten. Die Vergrämungsabschüsse könnten allenfalls zu lokalen und momentanen Verlustminderungen beitragen, was auch ein wichtiger Faktor sei. Bei dieser Ansicht blieb die Regierung. In ihrer Antwort auf die Kleine Anfrage der Linken am 2.3.2017 verwies sie darauf, durch die aktuelle Bejagung des Kormorans würden weder die Brut- noch die Rastbestände der Art dauerhaft dezimiert. Die durch Abschüsse erzielten Lücken würden durch Zuzügler aus anderen Gebieten gefüllt.

Ähnlich argumentierte der Dr. Till Backhaus, Minister für Landwirtschaft und Umwelt in Mecklenburg-Vorpommern, in einer Debatte seines Landtages Ende Januar 2017. Backhaus: Leider zeigten unsere Erfahrungen, dass Abschüsse zur Schadensabwehr wenig Einfluss auf die Populationsentwicklung haben. Selbst wenn der Kormoran in wesentlich größerem Umfang dezimiert werden dürfte, wäre eine wirksame Bestandsregulierung, wenn überhaupt, nur mit dauerhaften erheblichen finanziellen und personellen Anstrengungen möglich. Dies unter anderem auch deshalb, weil Kormorane ein hohes natürliches Reproduktionsvermögen besäßen und auch eine Wiederauffüllung durch bislang an anderer Stelle brütende Individuen oder durch bisherige Nichtbrüter erfolge. Er verwies darauf, dass große Teile der insbesondere ab dem Herbst in Mecklenburg-Vorpommern zu beobachtenden Kormorane Brutvögel oder Nachkommen aus den benachbarten baltischen Regionen seien.

Position der Naturschutzverbände[82]:

Auch die Naturschutzverbände beharren darauf, dass Abschüsse keinen dauerhaften Schutz für Fische bedeuten und schlagen Schutzmaßnahmen wie Überspannungen in Teichwirtschaften vor (siehe Kapitel IV).

„Allerdings können Schäden an Teichwirtschaften entstehen, die als Wirtschaftbetriebe zur Fischzucht und Fischmast angelegt wurden. Sie können durch Maßnahmen wie dem Überspannen mit weitmaschigen Drahtnetzen sowie durch optisches und akustisches Vertreiben geschützt werden. Vorbeugenden vergrämenden Maßnahmen sollte generell Vorrang eingeräumt werden. An natürlichen Fließgewässern sei meist keine Vergrämung der Vögel erforderlich. Hier böte bereits die Umsetzung der EU-Wasserrahmenrichtlinie (WRRL) Möglichkeiten zur ökologischen Aufwertung von Fischhabitaten, zum Beispiel

---

82 https://www.nabu.de/tiere-und-pflanzen/voegel/artenschutz/kormoran/01077.html;
https://www.lbvmuenchen.de/fileadmin/user_upload/Unsere_Themen_Master/Positionen/Documents/Kromoran_und_Fischerei_Positionspaper.pdf

mit Hilfe natürlicher Unterstände durch Uferabbrüche, Baumbestände am Ufer, Röhrichte oder Totholz. Die Laichplätze bedrohter Fischarten könnten durch solche Schutzmaßnahmen gezielt erhalten und gefördert werden. Dafür sollten sich Naturschutz und Fischerei gemeinsam einsetzen!

Das wollen wir: 10 Punkte für Kormorane und Fische
1. NABU und LBV lehnen eine „Regulierung" der Kormoran-Bestände durch Abschüsse ab.
2. In Schutzgebieten und an Küstengewässern ist jede Störung und Verfolgung der Kormorane zu vermeiden.
3. Kolonien und Schlafplätze von Kormoranen dürfen nicht gestört werden.
4. Aktive, störende Vergrämungsmaßnahmen während der Brutzeit müssen unterbleiben.
5. In Teichanlagen mit fischereiwirtschaftlichen Schäden sollten vorbeugende Maßnahmen wie das weitmaschige Überspannen von Teichanlagen mit Draht Vorrang haben.
6. Der Einsatz von Lasergeräten muss aus Gründen des Tierschutzes und wegen gesundheitlicher Gefahren für Dritte unterbleiben.
7. NABU und LBV fordern die Unterstützung präventiver Abwehrmaßnahmen an Teichwirtschaften
8. Extensive Teichwirtschaften sollten eine landwirtschaftliche Grundförderung in Anerkennung ihrer Leistungen für das Gemeinwohl und den Naturschutz erhalten.
9. NABU und LBV lehnen jegliche Vergrämungsmaßnahmen an natürlichen Gewässern ab. Ausnahmen sind nur in gut belegten Einzelfällen möglich, wenn zum Beispiel bedrohte Fischarten durch den Kormoran weiter gefährdet werden.
10. NABU und LBV unterstützen auf lokaler Ebene gemeinsame Renaturierungsprojekte an Still- und Fließgewässern mit Anglern und Vogelschützern".

Dr. Andreas von Lindeiner[83] vom LBV erläuterte die massiven Eingriffe in das Durchzugsgeschehen in Bayern gegenüber dem Autor. Es sei davon auszugehen, dass zwar im Mittel 6 000 -7 000 Kormorane anwesend seien, allerdings würde es ein Mehrfaches an verschiedenen Individuen sein, die in Bayern rasten, durchziehen oder überwintern.

  83 Schriftwechsel mit dem Autor

Der LBV habe regelmäßig darauf hingewiesen, dass es wohl kaum Sinn mache, die Effizienz der artenschutzrechtlichen Ausnahmeverordnung an der Anzahl geschossener Vögel festzumachen. Vielmehr müssten doch die Ziele überprüft werden. Dies seien die Vermeidung von fischereiwirtschaftlichen Schäden insbesondere in der Teichwirtschaft und die Stützung von bestandsbedrohten Fischarten, insbesondere in Fließgewässern. In den vergangenen Jahren habe sich gezeigt, dass mit gezielten und koordinierten Abschüssen auf regionaler Ebene wesentlich mehr Erfolg erzielt werden könne als mit einem völlig ungesteuerten und massenhaften Abschuss.

Man dürfe grundsätzlich im Bereich der Schlafplätze schießen, allerdings hätten die Vögel seit Jahren darauf reagiert, indem sie sich auf immer mehr und dafür kleinere Schlafplätze verteilten. Das mache die Bestandskontrolle ungleich schwieriger. Er verwies auf dieses Beispiel: „In einem Managementversuch wurden, koordiniert durch einen vom LfU beauftragten Kormoranmanager, in einer ganzen Region die Kormorane an allen bekannten Schlafplätzen gleichzeitig beim Einflug zu den Schlafbäumen beschossen. Damit konnte man mit sehr wenigen getöteten Individuen über einen längeren Zeitraum diese Region praktisch kormoranfrei halten. An anderer Stelle wurden nicht brütende Individuen während der Brutzeit in Karpfenteichen unter klar definierten räumlichen und zeitlichen Vorgaben geschossen und so die Schäden an den Karpfenbeständen von 80-90% auf 10-25% gesenkt.".

Die Wirkung der „Abschuss-VO" ist aus Sicht des LBV nicht besonders nachhaltig. Der LBV fordere seit Jahren, dass eine Effizienzkontrolle durchgeführt werden solle. Außerdem gebe es zwar die Verpflichtung, die Abschüsse zeitlich und räumlich zu erfassen und zu melden, was aber nur in ca. einem Drittel der Fälle auch geschehe. So könne man aber kaum nachvollziehen, ob bestimmte Gewässerabschnitte vom Einfluss des Kormorans entlastet würden. Zweifel daran, dass die Berichtspflicht immer korrekt erfüllt wird, hatte auch der stellvertretende Vorsitzende der Ornithologischen Arbeitsgemeinschaft(OAG) für Schleswig-Holstein und Hamburg, Dr. Wilfried Knief in einer Stellungnahme zu dem Entwurf der schleswig-holsteinischen Landesverordnung zur Abwendung von Schäden durch Kormorane geäußert. Es gebe Hinweise dafür, dass nicht von allen Gewässern die geschossenen Kormorane und Ringfunde gemeldet würden, heißt es in der Stellungnahme[84].

Dr. von Lindeiner verwies darauf, dass in der Tat Kormorane nachrückten. Es gebe Individuen, die quasi ihrem Schlafast treu seien, während andere sehr

---

84 https://www.ornithologie-schleswig-holstein.de/2011/pdf/Kormoran-VO
   OAG_20181116.pdf

mobil blieben. Von Lindeiner: „Die Vögel müssen von Negativerfahrungen lernen können, denn nur so macht eine solche Verordnung Sinn. Dazu gehört aber auch, dass es ungestörte Schlafplätze gibt, an denen nie vergrämt wird. Alles andere ist nicht nachhaltig."

In einer Stellungnahme zu den gebietsspezifischen Allgemeinverfügungen hatte der LBV zwar Kritik geübt, zugleich jedoch auf die auch aus seiner Sicht positiven Ergebnisse eines Modellversuches im Vogelschutzgebiet Aischgrund hingewiesen. Als Fazit dieses Projektes könne festgehalten werden, dass unter den gegebenen Voraussetzungen der begrenzte Kormoran-Abschuss auch zur Brutzeit in Verbindung mit einem intensiven Begleitmonitoring zu einer weitgehenden Reduktion der Schäden an den Fischbeständen ohne Beeinträchtigung der wesentlichen Erhaltungsziele des Gebietes geführt habe. „ So konnten zuvor erfolgte massive Störungen der zu schützenden Vogelarten durch eine permanente Präsenz der Teichwirte und erhebliche Lärmentwicklung vermieden werden. Der Erhaltungszustand der erfassten schutzrelevanten Vogelarten hat sich durch die Maßnahmen nicht verschlechtert". (siehe auch Teilgutachten Teichwirtschaft)

Die Bundesregierung geht davon aus, dass der Kormoran in Deutschland die Kapazitätsgrenzen seines Lebensraums erreicht hat. „Mit einem nennenswerten Anstieg der Bestände ist zukünftig nicht zu rechnen", hieß es in ihrer Antwort auf die Kleine Anfrage 18/11360 der Faktion der Linken. Bleibt zu hoffen, dass sie und der NABU sich nicht irren. Sie verwiesen darauf, dass die innerartliche Konkurrenz zunimmt und daher nicht mehr mit einem bedeutsamen Wachstum zu rechnen sei.

IX. Zusammenfassende Schlussbemerkung: Versöhnen statt spalten

Eine nationale Kormorankonferenz aus Vertretern der Naturschutzverbände, der Fischerei- und Anglerverbände könnte erörtern, ob sich das Schweizer Modell eines Kormoranmanagements in abgewandelter Form auf Deutschland übertragen lässt. Zur letalen Vergrämung sollte erst dann gegriffen werden, wenn sich andere Möglichkeiten zur Abwendung schwerer wirtschaftlicher Schäden und zum Erhalt von Fischarten in einem Gewässer als wirkungslos erwiesen haben.

Die geringe Wirksamkeit, die Risiken und Kosten präventiver Kormoranabwehr sollten Fischwirte und Angler nicht veranlassen, gleich die Ausnahmegenehmigungen zum Abschuss zu nutzen oder bei fehlender Jagdberechtigung Jäger damit zu beauftragen. Abschüsse scheinen zwar bei Beachtung der Kosten, des Zeit- und Personalaufwandes und der Wirksamkeit geradezu alternativlos zu sein. Es war nur schon immer etwas teurer, ein gutes Gewissen zu haben, Respekt vor seinen Mitmenschen und Respekt vor der Natur.

Umwelt- und Naturschutz-Zuschläge sind zumutbar. Sie werden auf den Verbraucher überwälzt und von ihm nach einer entsprechenden Information auch akzeptiert. So ist es bei den durch die Energiewende gestiegenen Stromkosten, beim Grünen-Punkt, beim Flaschen- und Dosenpfand, bei allen auf den Verbraucher überwälzbaren Kosten des Umwelt- und Klimaschutzes geschehen. Abschüsse der Kormorane führen nicht zu einer nachhaltigen Problemlösung (siehe Intercafe Management Toolbox Kapitel 4.5.5.) Darüber herrscht ein von allen Konfliktparteien akzeptierter Konsens, sondern nur zur Problemverlagerung an ein anderes Gewässer desselben oder anderen Eigners bzw. Pächters. Wenn die Abschüsse nicht wie ein Bumerang auf den Eigner selbst zurückkommen, dann trifft der Bumerang einen Nachbarn. Um wie viel sich der Fraß der Kormorane verringert und wie lange es dauert, bis neue Kormorane kommen, mag von der Intensität und der Aufeinanderfolge der Abschüsse abhängen. Aber mehr als ein Jahr dürften die Gewässer nicht geschützt sein. Durch die Abschüsse wird nur eine zeitweise Entlastung erreicht. Die Hoffnung auf eine europaweite Lösung wird sich auf lange Sicht nicht erfüllen. Sie ist politisch nicht durchsetzbar. Das zeigt das Beispiel der Niederlande. Sie ist bei der Brutbiologie des Kormorans auch nicht nachhaltig. Die Kormorane holen Verluste wieder auf. Dies zeigt sich daran, dass die Bestandseinbrüche nach kalten Wintern in ein, zwei Jahren wieder ausgeglichen sind. Dies würde die Wiederholung einer europaweit auf Proteste stoßenden Aktion bedeuten. Keine Regierung würde dies wagen.

Was bleibt anderes übrig, als in den unter Kormoranfraß leidenden Regionen an „Runden Tischen" Vor- und Nachteile aller Maßnahmen zum Schutz vor Kormoranen sorgsam abzuwägen und Kompromisse zu schließen, um Handlungsblockaden zu vermeiden? Der NABU demonstriert dies mit seiner Haltung zu einem die Natur schonenden Ausbau der Windkraftenergie (Link im Anhang). Einen bindenden NABU-Natur-TÜV kann es nicht geben, aber Handlungs- und Kaufempfehlungen.

Manche Vorschläge, die auf den ersten Blick der Traumphantasie entsprungen zu sein scheinen, sollten nicht vornherein als realitätsfremd abgetan werden. Präventive Schutzmaßnahmen zu fördern ist sinnvoller, als für schwere wirtschaftliche Schäden einen finanziellen Ausgleich zu zahlen. Ausgleichszahlungen sollten nachrangig sein. Das Naturbewusstsein in Deutschland ist sehr hoch. Fast 16 Millionen der deutschsprachigen Bevölkerung ab 14 Jahren hatten nach den hochgerechneten Ergebnissen einer repräsentativen Befragung ein besonderes Interesse am Natur- und Umweltschutz. 83 Prozent der Befragten der aktuellen Naturbewusstseinsstudie des BfN befürworten strengere Regeln und Gesetze, damit die Fischerei nachhaltiger und naturverträglicher wird – selbst wenn dadurch die Fischpreise steigen würden[85].

Es wäre einen Test wert, ob ein Teil der Verbraucher bereit ist, für Fische aus Gewässern, an denen keine Kormorane geschossen werden, wirklich einen höheren Preis zu zahlen. Dies könnte in einer Projektstudie erforscht werden, die zu mehr als 50 Prozent gefördert werden könnte[86].

Es gibt zwar schon eine den Verbraucher verwirrende Siegelinflation, aber deshalb sollten die Naturschutzverbände doch die Entwicklung eines Naturschutzsiegels prüfen. Es könnte nicht nur für eine Tiere schützende Nahrungsmittelproduktion, sondern auch für eine Tiere schützende Energieerzeugung stehen. Ein Naturschutzsiegel könnte zum Beispiel Windkraftanlagen verliehen werden, die Schutzmaßnahmen für Vögel und Fledermäuse vorsehen. Das beginnt bei einer Vögel und Fledermäuse schonenden Standortwahl, einer

---

85 BfN-Studie zum Naturbewusstsein in Deutschland 2017
86 Bei Maßnahmen, die von öffentlichen Einrichtungen oder kollektiven Begünstigten durchgeführt werden, ist eine Erhöhung des Fördersatzes möglich

Abschaltautomatik in den Hauptflugzeiten bis hin zu spezifischen Abschalt-
algorithmen für einzelne Anlagen.

Bild 7: *Die Kormorane auf dem Tegeler See rechts im Hintergrund beobachten
das Jugendforschungsschiff Cormoran. Das Projekt Jugendforschungsschiff ist als
schwimmendes Schülerlabor konzipiert. Es richtet sich insbesondere an Schulen und bietet
unterrichtsbegleitend naturwissenschaftliche Inhalte in den Fachgebieten Biologie, Chemie
und Physik. Der Liege- und Ablegeplatz des Schiffes ist an der Greenwichpromenade,
Brücke 7 in 13507 Berlin-Reinickendorf, Alt-Tegel*
* https://www.jugendforschungsschiff.com/das-bildungsprojekt.html

Bei einer wachsenden Weltbevölkerung, der Überfischung von Meeresgebieten
und Fischarten wird der Bedarf an Binnen-Aquakulturen[87]steigen. Binnenländi-
sche Kulturen werden einen Wettbewerbsvorteil haben, wenn die Plastikvermül-
lung der Meere fortschreitet und immer mehr Mikroplastik in Meeresfischen
gefunden wird. Vor der Entwicklung eines Labels für Fische aus geschützter
naturfreundlicher Produktion müsste mit einer Projektstudie erforscht werden,
wie viele Teichwirtschaften mit Netz- oder Fadenüberspannungen, Einhausungen oder anderen Schutz- und nichtletalen Abwehrmaßnahmen es bereits gibt
und geben könnte, wenn sich für Fische mit einem Naturschutzlabel höhere

---

87 In Bezug auf die Produktionsmenge bleibt die Aquakultur der ertragreichste Sektor. In
    Warmwasserteichen, Kaltwasser- und Warmwasseranlagen sowie Netzgehegen wurden
    im Jahr 2017 insgesamt etwa 20 600 t Fische aufgezogen. Quelle (siehe Anhang).

Preise erzielen ließen. Wenn höhere Preise akzeptiert würden und Teichwirte höhere Fördermittel für geschützte Teiche erhielten, könnte es sie veranlassen, in Schutzmaßnahmen zu investieren und die höheren Bewirtschaftungskosten zu tragen. Maßnahmen zur Markterkundung (geplante Vermarktungsstruktur/ Marktaussichten, Marktvolumen, -analyse, Abnehmerkreis, Absatzkanäle) müssten nach den EMFF-Bestimmungen und den entsprechenden Merkblättern eigentlich förderfähig sein. Dies sollte auch für Vermarktungshilfen gelten, die in der Einführungszeit notwendig wären. Eine Marketingkampagne von Naturschutzverbänden unter ihren Mitgliedern und anderen Naturfreunden wäre eine willkommene Vermarktungshilfe für Teichwirte, die in Schutzanlagen investieren. Ob die Fördermittel aus dem Meeres- und Fischereifonds für Anlagen zur präventiven Kormoranabwehr, wenn nicht kurzfristig so doch langfristig erhöht werden könnten, müsste die Bundesregierung in EU-Konsultationen prüfen.

Es gibt nicht tödliche Abwehrmaßnahmen wie Teichüberspannungen mit Drähten, Fäden, Netzen, Schutzkäfige, deren Wirkung unstrittig ist. Wie sie konstruiert und welche Bedingungen erfüllt sein müssen, wie hoch die Schutzwirkung ist, kann man im Kapitel 4.2. der Intercafe-Management-Toolbox nachlesen. Beim niedersächsischen Dümmer-Projekt[88] wurden Möglichkeiten des Fischschutzes vor den eintausend am See überwinternden Kormoranen erprobt. Es zeigte sich, dass Netzeinhausungen und Seilabspannungen gleichermaßen erfolgreich waren. Das Fazit lautete: Winterliche Netzeinhausungen schützen Fische effizient vor Kormoranfraß. Während solche Maßnahmen für Laich-Abschnitte geeignet sein könnten, wurde ihre Übertragung auf Fließgewässer ausgeschlossen. Interessant sind in diesem Zusammenhang die positiven Erfahrungen, die bei einer punktuellen Versuchüberspannung der Schwarza[89] in Niederösterreich gemacht wurden. Die Schwarza zählt zu den sehr guten Fischrevieren Österreichs.

Wie Beispiele aus Großbritannien zeigen, lässt sich der Kormoran-Fraß in Teichen durch Schutzkäfige eindämmen. Bei Teichüberspannungen bedarf es nur einer fachgerechten Ausführung, um das Verletzungs- und Tötungsrisiko für andere Wildtiere gering zu halten. Notwendig ist auch die Bereitschaft und Fähigkeit, die Kosten für Kontrollen und Wartung sowie für die schwerere Bewirtschaftung zu tragen. Doch höhere Kosten für Schutzmaßnahmen kennen auch andere Naturnutzer wie Obstbauern und Winzer.

---

88 https://www.laves.niedersachsen.de/download/100869

89 Fischundfang-Forum. Link im Anhang

Die Länder sollten in Verbundprojekten weitere Schutzmaßnahmen vor dem Kormoranfraß erforschen, die in anderen Staaten zu einer Schadensminderung geführt haben (Fallbeispiele Intercafe). Theoretisch lässt sich vieles denken, zum Beispiel die Sicherung von Mühlbächen, Zuflüssen, kleinen Kanälen, der Staus vor kleineren Wehren und vor Fischtreppen. Sie müssten vor Hochwasser und Treibgut und durch Unterwasserzäune und Überspannungen vor Kormoranen geschützt werden. Solche Anlagen könnten nach der Winterzeit wieder abgebaut werden. Natürlich wäre dies mit einem Kosten-, Personal-, Arbeits- und Kontrollaufwand verbunden. Aber das sind andere Arbeiten auch, mit denen die Vereine ihre Gemeinnützigkeit und damit die steuerliche Abzugsfähigkeit ihrer Beiträge begründen. Die Erprobung neuer Abwehrtechniken wie der Einsatz von Drohnen und altbekannter wie der Einsatz von Lasergewehren einer geringeren Klasse sollte gefördert werden. Die Ergebnisse von Modellversuchen mit Lasergewehren sind keinesfalls alle enttäuschend. Der Einsatz von Lasergewehren und Schüssen aus Schreckschussgewehren, notfalls kombiniert mit echten Gewehrschüssen, könnte auch abgebrühte Kormorane dazu bewegen, ein Gewässer zu verlassen. Einige Spezialisten unter den Kormoranen werden immer Beute machen. Sie sind aber nicht das Problem, sondern die Masseneinflüge von Kormoranen.

Das Know-how der Abwehrmöglichkeiten sollte über ein Netz von Fachberatern verbreitet und passgenau auf das spezifische Gewässer und die finanziellen Möglichkeiten des Eigners oder Pächters zugeschnitten werden. Es sollte nicht nur der jeweils richtige Maßnahmen-Mix eingesetzt werden, sondern es sollte auch mehr gemeinsame Aktionen von Vogelschützern und Anglern/Fischern geben. Ein Beispiel wären gemischt zusammengesetzte Kormoranpatrouillen aus Naturschützern mit Schreckschussgewehren und mit tödlichen Gewehren bewaffneten Jägern. Wer solche und ähnliche Versuche als wirklichkeitsfremd abtut, nimmt in Kauf, dass sich an den zu hohen Abschusszahlen wenig ändert. Ein Mix aus Schreckschüssen und wenigen gezielten Vergrämungsschüssen könnte in einer koordinierten Aktion Kormorane weiter als bis an einen anderen Gewässerabschnitt vertreiben. Auf Vergrämungsabschüsse kann allerdings auch in Zukunft nicht generell verzichtet werden, aber es wäre doch auch ein Erfolg, wenn sie weniger würden.

Wir sind auf dem Weg in eine von den sozialen Netzwerken befeuerte Empörungsgesellschaft. Das Ausreizen von Einzel- und Gruppeninteressen, mangelnder Verständigungswille wird zum Spaltpilz in den Gesellschaften des 21. Jahrhunderts, die Bereitschaft zum Zurückstecken und Ausgleich geht verloren. Ist es wirklich eine Quadratur des Kreises, wenn man versucht, die Interessen von Naturschützern und von Berufs- und Sportfischern miteinander in Einklang zu bringen, wo doch alle die Natur nutzen und bewahren wollen? Das Beispiel der Niederlande zeigt, dass es auf den Willen zur Zusammenarbeit ankommt. Die Gruppen sollten sich versöhnen und zu gemeinsame Aktionen bereit finden wie das Vogelmonitoring, Monitoring der Fischbestände durch Elektroabfischen an Gewässerabschnitten, durch gemeinsame Schutzprojekte, durch gemischte Kormoranpatrouillen und die Umsetzung der wohl noch lange unvermeidlichen artenschutzrechtlichen Ausnahmeverordnungen und Allgemeinverfügungen. Runde Tische können nur friedensstiftend wirken, wenn sie allen Konfliktparteien die Möglichkeit bieten, an notwendigen Kompromissen mitzuwirken.

Die Politik ist gefordert, friedensstiftende Lösungen zu erarbeiten. Das gelingt häufig nicht, wie man an den Klagen gegen Kormoranverordnungen sieht. Eine Vereinheitlichung, wie sie von der Bund-Länder-Arbeitsgruppe Kormoran[90] angestrebt wird, ist gar nicht wünschenswert. Denn je nach den Mehrheitsverhältnissen in den Landesparlamenten und Zusammensetzungen der Regierungen in den Bundesländern, können länderspezifische Regelungen unterschiedlich ausfallen. Sie sollten dies auch, weil der Problemdruck von Bundesland zu Bundesland unterschiedlich groß ist. Länder- und gebietspezifische Regelungen ermöglichen passgenaue Regelungen.

Aber eines könnte die Politik über die bestehende Bund-Länder-Arbeitsgruppe hinaus länderübergreifend tun: eine den Enquetekommissionen des Bundestages und der Länderparlamente nachgebildete Projektgruppe „Naturschutz und Fischerei" ins Leben rufen und fördern. In ihr sollten die Bundesländer, die Naturschutzverbände, die Fischerei- und Anglerverbände sowie Wissenschaftler vertreten sein. Ihre Arbeit sollte mit einer Analyse der unterschiedlichen Versuche der Bundesländer beginnen, den Kormorankonflikt zu lösen. Dazu gehören vergleichbare Erfassungsdaten von Zählungen der Kormoranbestände, ihrer Zugbewegungen und der Abschüsse. Sie sollte Erklärungen für die stark von einander abweichende Zahl der Abschüsse in den Bundesländern liefern. Die Erklärung nur in der unterschiedlichen Gewässerstruktur der Bundesländer, der Zahlen der Brutpaare und der Winterbestände zu suchen, dürfte zu kurz greifen. Der Autor ist bei seinem Versuch, die Gründe zu erforschen, am mangelnden Auskunftswillen vieler Konfliktbeteiligter gescheitert. Noch sind die Fronten zu fest gefügt und orientieren sich manche Politiker zu sehr an ihrer Wählerklientel. Aber das muss nicht so bleiben, wenn der Wille zur Zusammenarbeit wächst und gemeinsame Vorschläge zur Konfliktlösung erarbeitet würden.

 90 Siehe Anhang

Eine Politik der kleinen Schritte ist bei denen unbeliebt, die auf eine große europäische Lösung hoffen. Diese große Lösung wird jedoch angesichts der unterschiedlichen Situation in Europa noch lange eine Illusion bleiben. Warum nicht den Spatz in der Hand akzeptieren, wenn die Taube auf dem Dach Europas unerreichbar ist? Auch Teilerfolge, lokale Friedensschlüsse, sind Erfolge und keine Niederlagen.

Anhang

Artenschutzbestimmungen der Vogelschutzrichtlinie

Auszüge aus einer Internet-Artenschutzseite des BfN

Die Richtlinie über die Erhaltung der wild lebenden Vogelarten (Richtlinie 79/409/EWG) oder kurz Vogelschutzrichtlinie wurde am 2. April 1979 vom Rat der Europäischen Gemeinschaft erlassen und 30 Jahre nach ihrem Inkrafttreten kodifiziert. Die kodifizierte Fassung (Richtlinie 2009/147/EG) vom 30. November 2009 ist am 15. Februar 2010 in Kraft getreten.

Ziel der Vogelschutzrichtlinie ist es, sämtliche im Gebiet der EU-Staaten natürlicherweise vorkommenden Vogelarten einschließlich der Zugvogelarten in ihrem Bestand dauerhaft zu erhalten, und neben dem Schutz auch die Bewirtschaftung und die Nutzung der Vögel zu regeln.

Informationen zu Vogelschutzgebieten finden Sie auf unseren Natura 2000 Seiten.

Europäische Vogelarten

Als „europäische" Vogelarten im Sinne der Richtlinie gelten alle Vogelarten, die natürlicherweise in der EU vorkommen. Diese Definition erfasst damit auch gelegentlich auftretende Irrgäste. Die Referenzliste dieser „europäischen Arten" zählt 691 Arten und eine Gattung ohne Aufschlüsselung der einzelnen Arten. Weitere 15 Arten (Neozoen-Arten) sind nach Auffassung der Europäischen Kommission als in der EU eingebürgert anzusehen. Sie gelten damit aber nicht als „europäische" Arten im Sinne der Vogelschutzrichtlinie und somit auch nicht als „besonders geschützt" gemäß BNatSchG.

Regelungen zum Artenschutz

Gemäß Artikel 5 der Richtlinie ist es grundsätzlich verboten, wildlebende Vogelarten zu töten oder zu fangen. Nester und Eier dürfen nicht zerstört, beschädigt oder entfernt werden, auch die Vögel selbst dürfen, besonders während ihrer Brut- und Aufzuchtzeit, weder gestört noch beunruhigt werden.

Zusätzliche Verpflichtungen ergeben sich für die in Anhang I aufgelisteten 193 Arten und Unterarten, von denen 114 regelmäßig in Deutschland vorkommen. Für sie sind besondere Schutzgebiete zu schaffen (Europäische Vogelschutzgebiete). Ein ebensolcher Schutz muss auch für die Vermehrungs-,

Mauser-, Rast- und Überwinterungsgebiete der nicht in Anhang I genannten, regelmäßig auftretenden Zugvogelarten gewährleistet werden. Dies betrifft 186 Arten in Deutschland. Für sie sind diese Maßnahmen unter besonderer Berücksichtigung der Feuchtgebiete, v. a. der Feuchtgebiete internationaler Bedeutung (Ramsar-Gebiete), zu ergreifen.

Umsetzung der Richtlinie in deutsches Recht

Die Umsetzung der Vogelschutzrichtlinie erfolgt in Deutschland vornehmlich durch das Bundesnaturschutzgesetz und die Bundesartenschutzverordnung sowie durch einige Bestimmungen des Jagdrechts. Alle „europäischen Vogelarten" im Sinne der Vogelschutzrichtlinie sind gemäß § 7 BNatSchG besonders geschützt.

Der Kormoran (Phalacrocorax carbo), ein gänsegroßer Wasservogel aus der Ordnung der Ruderfüßer, ist gekennzeichnet durch ein schwarzes, metallisch schimmerndes Prachtkleid mit weißem Nacken und Gesicht und einem an der Spitze auffällig gekrümmten Schnabel.

Durch langjährige Verfolgung während der letzten Jahrhunderte wurde die Art in ganz Europa stark dezimiert. Das Nachlassen der Verfolgung einerseits und ein ausreichendes Nahrungsangebot andererseits, führten in den letzten Jahrzehnten zu einer Bestandserholung.

Der Kormoran ernährt sich von ca. 300-500g Fisch pro Tag. Seine Anwesenheit führt daher häufig zu Beschwerden seitens der Fischereiwirtschaft bzw. der Anglerverbände. Zahlreiche Untersuchungen zum Nahrungsspektrum des Kormorans haben jedoch gezeigt, dass er sich hinsichtlich der verzehrten Fischarten regional sehr flexibel zeigt, was in erster Linie von der Erreichbarkeit der Fische, sei es durch deren Verhalten oder Häufigkeit abhängt und nicht von ihrer fischereiwirtschaftlichen Bedeutsamkeit.

Wie alle einheimischen Vogelarten ist der Kormoran in Deutschland besonders geschützt. Die Interessenvertreter der Fischer und Teichwirte allerdings drängen auf eine Aufhebung der Schutzbestimmungen für den Kormoran, um ihn intensiver verfolgen zu können.

Das nationale Artenschutzrecht bietet, innerhalb des durch die europäische Vogelschutzrichtlinie vorgegebenen Rahmens, hinreichend Möglichkeiten, Schäden abzuwehren, die von Kormoranen für die kommerzielle Fischwirtschaft ausgehen oder an den Beständen anderer Arten verursacht werden. Eingriffe in die Bestände des Kormoran sind nach § 45(7) BNatSchG bereits zulässig. Derartige Schäden müssen allerdings nachprüfbar belegt werden und ein zumutbares Maß überschreiten. Vor solchen Eingriffen muss klar sein, dass keine

Alternativen, wie z. B. eine Vergrämung oder eine veränderte Bewirtschaftungs-
praxis, bestehen, der Bestand des Kormoran nicht nachteilig beeinflusst wird
und wissenschaftlich abgesicherte zielorientierte Erfolgsaussichten bestehen.

Mittlerweile haben viele Bundesländer eine Ausnahmegenehmigung für die
Vergrämung von Kormoranen in Form einer Kormoranverordnung erteilt. Es
sind allerdings bisher keine Untersuchungen bekannt geworden, welche Schäden belegt hätten, die eine pauschale landes-, bundes- oder gar europaweite
Verfolgung des Kormorans rechtfertigen würden.

In Zusammenhang mit einer Resolution des Europäischen Parlaments 2008
für einen gesamteuropäischen Kormoran-Management-Plan hat die Europäische Kommission im Rahmen des Projektes CorMan (Sustainable Management
of Cormorant Populations) eine offizielle Website „The EU Cormorant Plat-
form" eingerichtet. Sie soll der Erhebung statistischer Daten zu Beständen und
Lebensweise des Kormorans und zum Austausch von Erfahrungen und Verfahren in Bezug auf das Kormoranmanagement dienen.

(Mit freundlicher Genehmigung des Bundesamtes für Naturschutz. Quelle:
* https://www.bfn.de/themen/artenschutz/regelungen/vogelschutzrichtlinie.html)

Was und wie viel frisst der Kormoran?

Der Kormoran ist ein Nahrungsopportunist. Er frisst die Fische, die von ihm
am leichtesten zu erbeuten sind. Die Größe der Fische schwankt zwischen drei
und fünfzig Zentimetern (Aale). Es dominieren jedoch Fische von 10 bis 25
cm. Wie viel Gramm er täglich frisst, ist wegen der Schadensschätzungen umstritten. Anglerverbände gehen von durchschnittlich 500 Gramm aus. Auch das
BMEL gibt an, dass ein Kormoran pro Tag etwa ein halbes Kilo Fisch fängt
und fügt hinzu, in den vergangenen 25 Jahren sei die Zahl der Tiere auf das
zwanzigfache gestiegen. Kormorane fingen in Deutschland mittlerweile mehr
als 20.000 Tonnen Fisch pro Jahr – etwa genauso viel wie die Berufs- und Angelfischer. Hinzu zu den Verlusten für die Fischereiwirtschaft kämen Verluste
bei stark bedrohten Arten wie der Äsche.
Der NABU beziffert den mittleren täglichen Bedarf auf 330 bis 350 Gramm.
Die Zeitschrift „Geo" schreibt, der tägliche Nahrungsbedarf der hierzulande
vorkommenden Unterart des Kormorans Phalacrocorax carbo sinensis werde
inzwischen vielfach mit etwa 300 Gramm angegeben. Nur während der drei-
monatigen Brutzeit, wenn die Elterntiere ihre Jungen versorgten oder in aus-
gesprochenen Kälteperioden könne der Bedarf auf 500 Gramm am Tag steigen.
Dabei müsse allerdings nach Energiegehalt der Fischart unterschieden werden.

Völlig überhöht dürften dagegen Fraßmengen der doppelten Menge (bis 600 g/ Tag und mehr) sein. Dies würde bedeuten, dass der Kormoran permanent mehr als 20 Prozent seines Körpergewichtes fräße, was physiologisch unrealistisch ist. Dies belegten diverse Nahrungsmengenvergleiche an Vögeln, Kleinsäugern und Fischen.

Die Bundesregierung hielt sich in ihrer Antwort auf eine Kleine Anfrage der Abgeordneten Dr. Christel Happach-Kasan und der Faktion der FDP (Drucksache 16/ 7006) aus der Streitfrage heraus und erklärte: „Je nach Untersuchungsmethodik liegen die aktuellen Angaben bei Werten zwischen 240 und maximal 1 000 Gramm pro Tag. Die bevorzugte Nahrung lässt sich nur bedingt mittels einzelner Fischarten charakterisieren. In der Nahrung des Kormorans wurden nahezu alle in Mitteleuropa vorkommenden Fischarten in unterschiedlichen Anteilen nachgewiesen; daneben verzehren an den Meeresküsten brütende Tiere in geringen Mengen auch Strandkrabben, Meeresringelwürmer und andere Wirbellose. Vorrangig richtet sich die Zusammensetzung der Nahrung des Kormorans nach deren Erreichbarkeit, welche wiederum von verschiedenen Faktoren abhängt (Vorkommen der Arten, Charakter des Gewässers, Jahreszeit, Verhalten der Fische wie Schwarmbildung oder horizontale bzw. vertikale Wanderungsbewegungen im Gewässer etc.). Insoweit sind Teichwirtschaften wegen des für den Kormoran leicht zu erreichenden Nahrungsangebots häufig besonders betroffen".

Feldstudie der Universität Rostock unter Leitung von Dr. H. M. Winkler[91]

„Es sind nur wenige Arten, die den Grundstock zur Versorgung des Kormorans liefern. Betrachtet man nur die Arten, die 5% und mehr Biomasseanteil ausmachen, so stellten Plötze, Barsch, Stichling und Plattfische 85% in Niederhof (2011). In Peenemünde erbrachten 2011 die Arten Plötze, Barsch, Kaulbarsch, Zander, Schwarzmundgrundel und Stichling 86% bzw. in 2012 89%, ohne den Dreistachligen Stichling. Das bedeutet, nur vier bis maximal sechs Fischarten lieferten zwischen 85 und 90% der Biomasse der Kormorannahrung ...
Zwischen 40 und 30 Prozent Biomasseanteile der Kormorannahrung wurden durch nicht kommerzielle Kleinfische bestritten (Stichlinge, Sandaale, Schwarzmundgrundel, Stint) ... In der Nahrung dominieren Karpfenartige, Barsche und zeitweilig der Hering. Die Arten Plötze, Flussbarsch, Zander, Kaulbarsch und Flunder sind in allen drei Jahren die Basis der Kormorannahrung.

---

91 Teilbericht Kormoran-Ernährung

Standortspezifisch spielt der Dreistachlige Stichling in der Kolonie Niederhof eine ähnlich wichtige Rolle.

Andere wichtige Fischereiobjekte waren nur unerheblich in der Nahrung vertreten. Aal wurde gar nicht nachgewiesen, Ostseeschnäpel und Meerforelle nur in wenigen Exemplaren. Auch die Anteile der Arten Hecht und Dorsch waren wie in 2010 sehr klein. Von den in der Region fischereilich bedeutenden Arten waren nur Flussbarsch, Zander, Flunder, Hering und Plötze in solchen Anteilen in der Kormorannahrung vertreten, dass eine Betrachtung einer möglichen Konkurrenzsituation mit der Fischerei überhaupt sinnvoll erschien ….Im Vergleich mit den kommerziellen Fischereianlandungen aus dem Gebiet war der Anteil, den Kormorane an Hering, Dorsch und Plattfischen fressen, ziemlich gering … "

Die Schäden an Teichanlagen können hoch sein. Sie entstehen nicht nur durch den Fraß, sondern auch durch die Verletzungen, die Kormorane den Fischen zufügen. Die Wunden machen die Fische nicht nur unverkäuflich, sie sind Eintrittspforten für Pilzinfektionen. Außerdem stehen viele Fische, die den Kormoranen entkommen sind, nach der Jagd unter Stress, sind traumatisiert und fressen nicht. Große Verluste meldeten Züchter vor allem bei Karpfen. Christof Herrmann ging auf der BfN-Fachtagung 2006 in Stralsund so auf die Schäden an Teichwirtschaften durch Kormorane ein: „Die Notwendigkeit von Abwehrmaßnahmen gegenüber dem Kormoran an Fischteichanlagen ist in Mecklenburg-Vorpommern unstrittig. Der „erhebliche fischereiwirtschaftliche Schaden" als Voraussetzung für Ausnahmen vom Tötungsverbot des § 42 Abs. 1 BNatSchG wurde durch die Fischereibetriebe gegenüber dem Umweltministerium nachgewiesen. Nach den vorliegenden Ertragsdokumentationen ist bei Karpfen der Größenklassen bis 400 g ohne Vergrämungsmaßnahmen mit Ertragsausfällen von 90-100% zu rechnen. Nicht-letale Abwehrmaßnahmen (z. B. Überspannungen) sind zumindest an den größeren Teichen technisch nicht praktikabel. Auch Versuche mit Ablenkfütterungen, die mit finanzieller Unterstützung des Umweltministeriums in den Jahren 1995 bis 1999 durchgeführt wurden, brachten kein befriedigendes Ergebnis. Die Ablenkteiche erzeugten für die Kormorane eine zusätzliche Lockwirkung, wodurch sich die Anzahl der Tiere im Gebiet der Fischteiche noch erhöhte und damit auch der Fraßdruck auf die Bewirtschaftungsteiche zunahm.

Gegen eine Fortführung der bisherigen Praxis der Kormoranabwehr an Teichwirtschaften bestehen somit weder aus sachlicher noch rechtlicher Sicht Einwände".

Die Bundestagsdrucksache 18/11360 vom 2.3.2017 enthält eine möglicherweise nicht mehr ganz aktuelle Übersicht, welche Bundesländer nach Kenntnis
der Bundesregierung Teichwirten, Binnenfischern Ausgleichzahlungen für die
durch Kormorane entstandenen wirtschaftlichen Verluste gewähren und geleis-
tet haben.

Kormorane - Gefiederte Welteroberer

Kormorane sind nahezu weltweit verbreitet. Einige Beispiele aus den USA, Namibia und Indien:

Fotos 9 und 10: *Der in den USA weit verbreitete Double-crested Cormorant (Phalacrocorax auritus , Ohrenscharbe mit Doppelschopf) wird 76- 91 Zentimeter lang, hat eine Flügelspannbreite von 114 bis 123 Zentimeter und ein Gewicht von 1,5 bis 2 kg. Das Gefieder ist schwarz und schimmert leicht grünlich. Ohrenscharben haben den für Kormorane typischen torpedoförmigen Körper. Der Hals ist sehr biegsam; die großen Füße haben Schwimmhäute. Ähnlich wie der in Europa beheimatete Kormoran haben sie einen hakenförmigen und kräftigen Schnabel. Die Iris ist grünlich, die unbefiederte Haut am Kinn und an der Schnabelbasis ist orange und bei einigen Individuen auch orangegelb. Der Schnabel ist dunkel. Das Verbreitungsgebiet der Ohrenscharbe reicht von Alaska bis zum Golf von Kalifornien und im Osten Nordamerikas von Neufundland bis Cape Cod. Die Bestände dieses Vogels sind sehr groß. Für die Fischfarmen entlang des Mississippi River stellen diese Vögel ein Problem dar, da sie auch die dort gezogenen Fische bejagen (wikipedia).*

Fotos 11/12: *Die Kronenscharben (Microcarbo coronatus, Phalacrocorax coronatus) sind 50–55 cm lang bei einem Gewicht von etwa 400 g. Das Gefieder adulter Vögel ist fast vollständig schwarz mit feinen weißen Sprenkeln an den Ohrdecken und einem rötlichen Bereich vor dem Auge. Auf der Stirn tragen die Vögel einen deutlichen Schopf, der bei Jungvögeln fehlt. Diese haben ganz allgemein ein eher braunes Gefieder. Die knapp 50 Kolonien der Kronenscharbe sind entlang der Atlantikküste des südlichen Afrikas von Kap Agulhas bis Walvis Bay und Swakopmund in Namibia zu finden. (Quelle: Wikipedia)*

Fotos 13,14, 15: *Kormorane haben in Indien einen besseren Ruf als in Deutschland. Die „Indian Times" wertete die Versammlung von tausenden Kormoranen im Winter 2018/2019 am Ganges als Segen für Kumbh Mela. Dies ist das größte religiöse Fest der Hindus. Zu den religiösen Waschungen im Ganges kommen Millionen von Pilgern. Die asiatische Art, die Braunwangenscharbe oder Phalacrocorax fuscicollis, wird als Reinigungsvogel für das Wasser der Flüsse geschätzt. Sie frisst vor allem Fleisch von treibenden Körpern, Fische, Frösche und Insekten. Der indische Kormoran Phalacrocorax fuscicollis wird 63 cm groß und zwischen 600 und 790 Gramm schwer. Er ist kleiner und leichter als der in Europa verbreitete Phalacrocorax carbo. Diese Fotos stammen aus den südindischen Backwaters in der Nähe von Alleppey im Bundesstaat Kerala.*

Videos und Webcams

Webcams können aus technischen oder Witterungsgründen manchmal nicht funktionieren. Um Webcams für Kormorane zu finden, tragen Sie bitte in die Suchmasken von Google oder Youtube „Webcams for cormorants" ein. Hier sind einige Beispiele:

Die Kormoran-Webcams von Wallnau auf Fehmarn.
Kormorane vor der Kamera

	• http://schleswig-holstein.nabu.de/tiere-und-pflanzen/aktionen-und-projekte/webcams/wallnau/wallnau-kormoran-index.html
	• https://wallnau.nabu.de/wallnaubesuch/tiereundpflanzen/13863.html

Chronik der Webcam-Aufzeichnungen

	• https://schleswig-holstein.nabu.de/tiere-und-pflanzen/aktionen-und-projekte/webcams/wallnau/chronik/index.html
	• https://tommythompsonpark.ca/park-species/birds/

Cormorants Management

In 2007, Toronto and Region Conservation embarked on a process to investigate the need for cormorant management at TTP. TRCA established an advisory group of stakeholders and experts to review the status of the TTP cormorant colony and provide recommendations on possible management approaches. TRCA also conducted direct public consultation.

The goal of management strategy is to achieve a balance between the continued existence of a healthy, thriving cormorant colony and the other ecological, educational, scientific and recreational values of Tommy Thompson Park. Management techniques include ground nest enhancements, deterrence and site restoration. It is a spatial management strategy that encourages ground-nesting while discouraging nesting in healthy trees. Management does not include lethal culling or egg oiling.

In 2012, a remote webcam was placed on the outskirts of the Peninsula B ground nest colony for the duration of the breeding season. The images provide a glimpse into how the colony works!

Webcams Cormorant Island Upper Mississippi River Refuge	
	• https://www.facebook.com/watch/?v=688135997888176
Webcams Scottish seabird centre	
	• https://seabird.org/wildlife/webcams/fidra-north/12/28/68

Kormoranfischer am Li-Fluss in China 3:16

- https://www.youtube.com/watch?v=xLNfYyJJgAA

Der Kormoran-Krieg 3 SAT 7:53

- https://www.youtube.com/watch?v=GHweN1LsP7s

Netz Natur SF. Viel Geschrei um schwarze Vögel 50:18

- https://www.srf.ch/play/tv/netz-natur/video/netz-natur-kormorane-viel-geschrei-um-schwarze-voegel-hochdeutsch?id=0cd06010-ef9b-4012-ba14-8004a648b053&station=69e8ac16-4327-4af4-b873-fd5cd6e895a7

LFV Bayern Der Fall Kormoran 44 Minuten

- https://youtu.be/uq7TwqNo-V4

Fischdieb oder Sündenbock 43:15 Minuten

- https://www.youtube.com/watch?v=uz1RepM86LA

Was Sie über Kormorane wissen müssen: Landesschau BW 3:34

- https://www.youtube.com/watch?v=x_6x1cRgX_4

Kormorane beim Nestbau in den Niederlanden

- https://youtu.be/d0oLnbiZ148

Aalscholvers (Kormorane NL) 3:17

- https://youtu.be/nounx7eAbcI

Cormorant and Shag (Krähenscharbe) BTO Bird ID 4:29 Englisch

- https://youtu.be/rnFxBfRN7ak

Feds kill thousands of Cormorants to save Salmon 9:53 english/amerikanisch

- https://youtu.be/nns6QIAh-Ng

Don't blame cormorants for eating Salmons 3:21
Englisch/Amerikanisch

- https://youtu.be/1phLa3FqsPQ

Great Cormorant Malkanderi 3:04

- https://youtu.be/tEO5r38kAlo

Achtung Satire ! Gerhard Polt „Der Kormoran" 3 Minuten

- https://www.youtube.com/watch?v=Bx9Ew-E1Kto

Kormoranverordnungen oder Artenschutzrechtliche Ausnahmeverordnungen am Beispiel der Oberpfalz

Artenschutzrechtliche Ausnahmeverordung (AAV) Bayern, Allgemeinverfügung für die Oberpfalz

§ 1.1.2.3.

Ausnahmen für Kormorane

(1) Zur Abwendung erheblicher fischereiwirtschaftlicher Schäden und zum Schutz der heimischen Tierwelt wird nach Maßgabe der Abs. 2 bis 6 abweichend von § 44 Abs. 1 Nr. 1 und 2 des Bundesnaturschutzgesetzes (BNatSchG) die Tötung von Kormoranen (Phalacrocorax carbo sinensis) durch Abschuss in einem Umkreis von 200 m um Gewässer erlaubt.

(2) Von der Gestattung ausgenommen sind

1. befriedete Bezirke gemäß Art. 6 Abs. 1 und 2 des Bayerischen Jagdgesetzes,

2. Naturschutzgebiete nach § 23 BNatSchG sowie Nationalparke nach § 24 Abs. 1 bis 3 BNatSchG in Verbindung mit Art. 13 des Bayerischen Naturschutzgesetzes (BayNatSchG),

3. Europäische Vogelschutzgebiete gemäß der Bayerischen Natura 2000-Verordnung.

(3) Der Abschuss ist nur zulässig in der Zeit vom 16. August bis 14. März. In Schonbezirken nach Art. 70 des Bayerischen Fischereigesetzes (BayFiG) sowie in geschlossenen Gewässern nach Art. 2 BayFiG ist der Abschuss vorbehaltlich besonderer Schutzvorschriften in der Zeit vom 16. August bis 31. März zulässig. Nicht zulässig ist der Abschuss von eineinhalb Stunden nach Sonnenuntergang bis eineinhalb Stunden vor Sonnenaufgang. § 11 der Verordnung zur Ausführung des Bayerischen Jagdgesetzes (AVBayJG) gilt entsprechend.

(4) Zum Abschuss berechtigt sind Personen, die zur Ausübung der Jagd befugt sind.

(5) Die höhere Naturschutzbehörde kann die Befugnis entziehen, wenn gegen Abs. 1 bis 3 verstoßen wird.

(6) Abschussort wie Jagdrevier, Gewässer oder Gewässerabschnitt sowie Gewässertyp und Abschussdatum, die Anzahl der jeweils abgeschossenen Kormorane und bei beringten Vögeln die Ringnummern sind der zuständigen Jagdbehörde bis spätestens 10. April jeden Jahres auf einem Einlegeblatt zur jagdlichen Streckenliste (§ 16 AVBayJG) mitzuteilen. Die Jagdbehörde übermittelt die Einlegeblätter bis zum 1. Mai jeden Jahres der zuständigen höheren Naturschutzbehörde. AAV in Kraft ab: 16.07.2017, außer Kraft ab: 16.07.2027

Umwelt, Gesundheit und Verbraucherschutz
Die Regierung der Oberpfalz erlässt in Vollzug des Bundesnaturschutzgesetzes (BNatSchG) – Ausnahme nach § 43 Abs. 8 Nr. 1 BNatSchG – folgende Allgemeinverfügung
Auf der Grundlage von § 43 Abs. 8 Satz 1 Nr. 1 Bundesnaturschutzgesetz (BNatSchG) vom 25. März 2002 (BGBl I S. 1193) werden zum Schutz der besonderen Teichkultur in der Oberpfalz und wegen der erheblichen fischereiwirtschaftlichen Schäden für den Bereich der Landkreise Amberg-Sulzbach, Cham, Neustadt a. d. Waldnaab, Schwandorf und Tirschenreuth folgende über § 1 der Verordnung über die Zulassung von Ausnahmen von den Schutzvorschriften für besonders geschützte Tier- und Pflanzenarten (Artenschutzrechtlichen Ausnahmeverordnung – AAV) vom 3. Juni 2008 (GVBl S. 327) hinausgehende Regelungen getroffen:

I. Tötung von Kormoranen (Phalacrocorax carbo sinensis) in und im Umkreis von 200 m um Teichanlagen
1. Außerhalb der unter Ziffer 2 genannten Gebiete ist der Abschuss von nicht am Brutgeschäft beteiligten immatur gefärbten Kormoran-Jungvögeln auch in der Zeit vom 1. April bis 15. August erlaubt.
2. Der Abschuss von Kormoranen in den Europäischen Vogelschutzgebieten Waldnaabaue westl. Tirschenreuth, Vilsecker Mulde, Manteler Forst, Regentalaue u. Chamtal mit Rötelseeweihergebiet ist in der Zeit vom 1. Oktober bis 15. Januar erlaubt. Naturschutzgebiete bleiben von dieser Regelung entsprechend § 1 Abs. 2 Nr. 2 AAV ausgenommen.
3. § 1 Abs. 3 Satz 3 und 4, Abs. 4 bis 6 AAV gelten entsprechend.

II. Verhinderung der Neugründung von Brutkolonien
1. Neugründungen von Brutkolonien dürfen von Betreibern erwerbswirtschaftlich genutzter Fischteichanlagen sowie von deren Beauftragten bei Zustimmung des Grundstückseigentümers vor Beginn der Eiablage verhindert werden.
2. Neugründungen von Brutkolonien in Naturschutzgebieten und den in I.2. bezeichneten Europäischen Vogelschutzgebieten dürfen nur mit Gestattung der Regierung der Oberpfalz verhindert werden. Die Genehmigung wird innerhalb von zwei Wochen nach Vorliegen sämtlicher Entscheidungsgrundlagen erteilt, soweit keine überwiegenden Belange des Naturschutzes und der Landschaftspflege entgegenstehen.

3. Ort (Gewässer oder Gewässerabschnitt sowie Gewässertyp) und Datum sowie Art der Maßnahmen sind der Regierung der Oberpfalz innerhalb eines Monats mitzuteilen.
III. Die sofortige Vollziehung dieser Allgemeinverfügung wird angeordnet.
IV. Diese Allgemeinverfügung tritt am Tage nach der Bekanntmachung in Kraft. Sie tritt mit Ablauf des 30. April 2012 außer Kraft.
Regensburg, 2. April 2009
Regierung der Oberpfalz
Brigitta Brunner
Regierungspräsidentin

Verlängerung Allgemeinverfügung Oberpfalz
Naturschutzrecht; Ausnahme nach § 45 Abs. 7 Satz 1 Nrn. 1 und 2 Bundesnaturschutzgesetz (BNatSchG) zum Abschuss von Kormoranen und zur Verhinderung der Neugründung von Brutkolonien in der Oberpfalz
Die Regierung der Oberpfalz erlässt folgende Allgemeinverfügung:
Presseinfo Nr. 046: 26.04.2018
Allgemeinverfügung zum Abschuss von Kormoranen und zur Verhinderung der Neugründungen von Brutkolonien bis 2027 verlängert
Konsens beim „Runden Tisch" in der Regierung der Oberpfalz erzielt
Regensburg. Aufgrund der im Regierungsbezirk Oberpfalz weiterhin vorhandenen Kormoranproblematik hat die Regierung der Oberpfalz die Geltungsdauer der bestehenden Allgemeinverfügung zum Abschuss von Kormoranen und zur Verhinderung der Neugründung von Brutkolonien vom 25. Mai 2010, unter Anpassung an die Geltungsdauer der Artenschutzrechtlichen Ausnahmeverordnung (AAV) der Bayerischen Staatsregierung, bis zum 15. Juli 2027 verlängert. Die Bekanntmachung erfolgt im Regierungsamtsblatt vom 27. April 2018.
Zum Schutz der besonderen Teichkultur in der Oberpfalz, zur Vermeidung erheblicher fischereiwirtschaftlicher Schäden und zum Schutz gefährdeter Fischarten bedarf es über § 1 der AAV hinausgehender Regelungen zur Vergrämung von Kormoranen. Dies regelt die Allgemeinverfügung vom 25. Mai 2010, die jetzt in Abstimmung mit dem Naturschutzbeirat der Regierung der Oberpfalz und den beteiligten Verbänden und Interessensgruppen bis zum 15. Juli 2027 verlängert wurde.
Regierungspräsident Axel Bartelt hatte im Vorfeld der Verlängerung der Allgemeinverfügung zu einem „Runden Tisch" in der Regierung der Oberpfalz eingeladen, um gemeinsam eine einvernehmliche Lösung im Umgang mit der Kormoranproblematik für die nächsten Jahre zu finden. Neben Landrat Tho-

mas Ebeling (Landkreis Schwandorf), dem 2. Bürgermeister der Stadt Eschenbach Karl Lorenz, Vertretern der Landratsämter Tirschenreuth und Neustadt a.d. Waldnaab, dem Kormoranbeauftragten der Bayerischen Landesanstalt für Landwirtschaft (LfL) für Nordbayern Tobias Küblböck, Mitgliedern des Naturschutzbeirats der Regierung der Oberpfalz und Vertretern der Höheren Naturschutzbehörde bei der Regierung der Oberpfalz, waren auch die Vertreter der Fischereiverbände, der ARGE Fisch Tirschenreuth, der Teichgenossenschaft Oberpfalz, der Fachberatung für Fischerei beim Bezirk Oberpfalz und des Landesverbandes für Vogelschutz in die Regierung der Oberpfalz gekommen. Am Ende waren sich die Beteiligten einig, dass die seit 2010 bestehende Allgemeinverfügung unverändert weiter gelten sollte.

Die <u>Allgemeinverfügung vom 25. Mai 2010</u> mit dazugehöriger <u>Pressemitteilung vom 10.06.2010</u> kann im Internet auf der Website der Regierung der Oberpfalz www.regierung.oberpfalz.bayern.de unter der Rubrik „Umwelt/Umwelt, Natur" im Abschnitt „Genehmigungen/Abschuss von Kormoranen" abgerufen werden. Die Bekanntmachung der Verlängerung dieser Allgemeinverfügung vom 27.04.2018 ist ab 27.04.2018 auf der Website der Regierung unter der Rubrik „Umwelt/Umwelt, Natur" im Abschnitt „Aktuelles" eingestellt.

Die Geltungsdauer der Allgemeinverfügung der Regierung der Oberpfalz vom 25. Mai 2010 bezüglich des Abschusses von Kormoranen und der Neugründung von Brutkolonien (RABl S. 52) wird über den dort in Ziff. VI Satz 2 für das Außerkrafttreten festgesetzten Termin hinaus verlängert bis 30. April 2018. Die Verlängerung des Geltungszeitraums ergeht unter dem Vorbehalt des Widerrufs für den Fall, dass sich maßgebliche Rechtsvorschriften – insbesondere die Artenschutzrechtliche Ausnahmeverordnung (AAV) vom 3. Juni 2008 (GVBl S. 327) – ändern.
Die sofortige Vollziehbarkeit dieser Verfügung wird angeordnet.

Regensburg, 5. Dezember 2012
Regierung der Oberpfalz
Brigitta Brunner
Regierungspräsidentin

Mein liebstes Hobby

Die Leidenschaft für das Angeln ist ein Erbe meines Vaters. Er hat mich schon als Achtjährigen an den Bienenbüttler Mühlenbach mitgenommen. Der Bach ist ein Nebenfluss der Ilmenau in der Lüneburger Heide. Von diesem Forellengewässer hatte er eine Strecke gepachtet. Die spannenden Angelausflüge mit meinen Vater wurden noch übertroffen durch das „Pöddern" mit meinem Jugendfreund Werner Tormählen. Wir beide sind auf der Elbinsel Finkenwerder aufgewachsen, haben nachts im Schein der Taschenlampe Tauwürmer gesammelt, sie auf stabilen Zwirn gezogen und das Wurmknäuel am Abend des nächsten Tages mit zu seinem Großvater an die Süderelbe genommen. Das Knäuel wurde dann mit Blei beschwert und an einer starken Bambusstange befestigt. Den „Schlickrutscher" seines Opas haben wir in der Abenddämmerung in die auflaufende Flut gezogen und den Kahn an der Schilfkante der damals noch offenen Süderelbe verankert. Die Aale schienen auf uns geradezu gewartet zu haben. Sie kamen mit der Flut, verbissen sich in dem Wurmknäuel, versuchten sich zu befreien, die Stange ruckelte - ein Zeichen, dass es Zeit war, sie hochzuziehen. Zwar fielen etliche neben den Kahn, aber 25 bis 30 Aale landeten doch in unserem Boot. Es war das schönste Angelerlebnis meiner Kindheit. Ethische Bedenken hatten wir nicht.

Angelrouten begleiteten meine Familie und mich auf unseren Urlaubsreisen nach Dänemark, Norwegen, Irland und Neuseeland. Das Fliegenfischen spielte auch bei der Ortswahl unseres Ferienhauses in der Eifel eine Rolle. Ich war Pächter eines Fischereistrecken-Loses der Prüm und des Alfbaches, eines Nebengewässers der Prüm. Nacheinander war ich Mitglied des ASV Kronenburg, des SAV-Bayer-Leverkusen (Kyllstrecke) und des ASV Mayfly in Birresborn. Der ASV Birresborn hat eines der schönsten Fischereilose der Kyll gepachtet. Für mich war es wegen der herrlichen Natur und der Eisvögel eine Traumstrecke. Einige Jahre nach meinem Schlaganfall habe ich das Fliegenfischen aufgeben müssen. Ich hatte die notwendige Standfestigkeit im Gelände und im Bach nicht zurückgewonnen. Die Freundschaft meiner Angelkameraden vermisse ich.

Quellen und hilfreiche Links

Das Naturbewusstsein in Deutschland
Aus dem Vorwort von Sonja Schulze, Bundesministerin für Umwelt, Naturschutz und nukleare Sicherheit, aus der BfN-Studie Naturbewusstsein 2017 Bevölkerungsumfrage zu Natur und biologischer Vielfalt:
„Für die Menschen in Deutschland ist der Naturschutz eine bedeutende gesellschaftliche Aufgabe. Sie erwarten, dass die Politik sich dafür einsetzt. Das sieht man besonders gut am neuen Themenschwerpunkt „Meeresnaturschutz". Die Befragten sind sich der Gefährdung der Meere sehr bewusst. Zu den Hauptproblemen zählen ihrer Ansicht nach der Plastikmüll (96 Prozent) sowie der Verlust von Tier- und Pflanzenarten im Meer (94 Prozent). Die Bundesregierung hat im Herbst 2017 sechs große Naturschutzgebiete in der Nord- und Ostsee neu eingerichtet. Das befürworten 94 Prozent der Befragten. Jeder Zweite hält diese Gebiete sogar für „sehr wichtig".
Unsere Ozeane müssen auch vor Überfischung und schädlichen Fischereipraktiken geschützt werden. Unsere Studie zeigt, dass dieses Thema der Mehrheit der Bevölkerung präsent ist: Neun von zehn Befragten haben ein ausgeprägtes Problembewusstsein für das Thema „Überfischung". Die Bürgerinnen und Bürger sprechen sich auch klar für eine naturverträgliche Ausgestaltung der Fischereipolitik aus. 92 Prozent möchten sich darauf verlassen können, dass der Handel keine Fischprodukte von bedrohten Arten anbietet. 90 Prozent wünschen sich, dass Produkte aus naturschonender Fischerei besonders gekennzeichnet werden. Für mehr Naturschutz in der Fischerei würden 83 Prozent der Befragten nicht nur strengere Gesetze, sondern auch höhere Fischpreise in Kauf nehmen".
* www.bmu.de/PU496

Naturschutz- und Umweltschutzorganisationen in Deutschland
Die Zahl der in Deutschland tätigen Naturschutzverbände und ihrer Mitglieder ist schwer zu schätzen. Der NABU gehört mit 660 000 und der BUND mit 584 000 Mitgliedern zu den großen Verbänden. Wie vielfältig die Verbandszene ist, zeigt, dass allein Wikipedia 112 Seiten von Naturschutzorganisationen aufführt. Das Internetlexikon zählt zu dieser Kategorie den Deutschen Angelfischerverband und den Deutschen Jagdverband ebenso wie den Rat für Vogelschutz und den Landesbund für Vogelschutz. Der Deutsche Angelfischerverband e. V. (DAFV) ist der Dachverband der Angelfischer in Deutschland. Mit seinen rund 520 000 Mitgliedern ist der DAFV in Deutschland einer der größten nach § 59 des Bundesnaturschutzgesetzes anerkannten Naturschutzver-

bände. Der Deutsche Jagdverband (DJV) ist der Dachverband der 15 <u>Landesjagdverbände</u> mit 245 000 Jägern (mit der Ausnahme von Bayern). Der Landesbund für Vogelschutz (LBV) in Bayern hat 85 300 Mitglieder und Förderer, 350 Kreis- und Ortsgruppen, 120 Jugendgruppen und ca. 2.750 ha eigene Schutzgebiete. Der organisatorisch selbstständige LBV ist der bayerische Partnerverband des <u>Naturschutzbundes Deutschland</u> (NABU).

Die Zahl der Hobbyangler in Deutschland wird auf 3,8 Millionen geschätzt. Allerdings summierte sich – nach den Angaben der Fischereibehörden der Bundesländer - die Anzahl gültiger Fischereischeine im Berichtsjahr 2017 „nur" auf etwa 1,73 Mio. Von den Fischereischeininhabern waren 850 000 Mitglieder in Angelvereinen. Diese gehörten überwiegend regionalen Verbänden an, von denen die Mehrzahl wiederum Mitglied im Dachverband Deutscher Angelfischerverband ist. Daneben gibt es noch eine Reihe von Vereinen ohne Verbandszugehörigkeit (Jahresbericht Binnenfischerei 2017).

- <u>https://de.wikipedia.org/wiki/Kategorie:Naturschutzorganisation_(Deutschland)</u>
- <u>https://www.bbn-online.de/staatlicher-naturschutz/ehrenamt/anerkannte-naturschutzverbaende/</u>
- <u>https://www.deutschland.de/de/topic/umwelt/erde-klima/umweltorganisationen</u>

EU-Kormoran-Plattform – Kormoran Management
- <u>http://ec.europa.eu/environment/nature/cormorants/faq.htm</u>
- <u>http://ec.europa.eu/environment/nature/cormorants/management.htm</u>

The INTERCAFE Cormorant Management Toolbox
Methods for reducing Cormorant problems at European fisheries
- <u>http://www.intercafeproject.net/pdf/Cormorant_Toolbox_web_version.pdf</u>

Between Fisheries and Bird conservation: The cormorant conflict
Europäisches Parlament Maßnahmen-Katalog auf den Seiten 28/29
- <u>http://ec.europa.eu/environment/nature/cormorants/files/Cowx_Report_for_Parliament.pdf</u>
- <u>http://www.intercafeproject.net/pdf/REDCAFEFINALREPORT.pdf</u>
- <u>http://c.europa.eu/environment/nature/cormorants/files/Cowx_Report_for_Parliament.pdf</u>

Der Kormoran im Bundestag. Kleine Anfragen und Antworten
- <u>http://dip21.bundestag.de/dip21/btd/17/009/1700980.pdf</u>
- <u>http://dip21.bundestag.de/dip21/btd/17/073/1707352.pdf</u>
- <u>http://dipbt.bundestag.de/doc/btd/18/111/1811147.pdf</u>
- <u>http://dip21.bundestag.de/dip21/btd/18/113/1811360.pdf</u>

Bund-Länder-Arbeitsgruppe

In Deutschland liegt die Zuständigkeit für den Kormoran grundsätzlich bei den Bundesländern. Mit dem Ziel, die Kormoranverordnungen der Länder besser aufeinander abzustimmen, haben die Fischereireferenten des Bundes und der Länder auf Vorschlag des BMEL eine „Bund-Länder-Arbeitsgruppe Kormoran" eingerichtet. Die Arbeitsgruppe hat für die einzelnen Länder die Kormoranbestände und die Maßnahmen zum Schutz der Fischbestände erfasst. Darüber hinaus strebt sie insbesondere eine Präzisierung und Angleichung der Ausnahmeregelungen wie auch die Erarbeitung einheitlicher Kriterien für die Zulassung von Vergrämungsmaßnahmen in Natur- und Vogelschutzgebieten an.

Auf Beschluss der Agrarministerkonferenz (AMK) vom 27. Oktober 2011 hat das Bundeslandwirtschaftsministerium das für Natur- und Vogelschutz zuständige Bundesumweltministerium mit dem Ziel kontaktiert, eine gemeinsame Arbeitsgruppe für ein nationales deutsches Kormoran-Management einzurichten. Erste Treffen dieser Arbeitsgruppe haben bereits stattgefunden. Die Zusammenarbeit der Agrar- und Umweltressorts des Bundes und der Länder soll einen ersten Schritt auf dem Weg zu einem europäischen Kormoran-Management markieren.

Das BMEL wird seine bisherigen Aktivitäten im Rahmen der Arbeitsgruppe Kormoran zur Weiterentwicklung des Kormoranmanagements in Deutschland fortsetzen. Die Gruppe hat zu einer Versachlichung der Diskussion und einer besseren Koordinierung der zuständigen Länder beigetragen.

Quelle: BMEL 92.2017

* https://www.jankorte.de/kontext/controllers/document.php/116.b/6/6a5c7c.pdf

Jahresbericht zur Deutschen Binnenfischerei und Binnenaquakultur 2017

Der Jahresbericht unterstreicht nicht nur die Bedeutung der Binnenaquakultur für die Nahrungsmittelerzeugung. „Andererseits geht die Bedeutung der Binnenfischerei und der Binnenaquakultur weit über die Bereitstellung von Fisch als Lebensmittel hinaus. Sowohl Erwerbs- als auch Angelfischer leisten im Rahmen von Hege- und Pflegemaßnahmen einen bedeutenden und weitgehend unentgeltlichen Beitrag zur Erhaltung und zum Schutz von Gewässern und Fischbeständen sowie im Falle von Teichwirtschaften von ganzen Landschaften und ihrem Wasserhaushalt".

* http://www.bmel.de/SharedDocs/Downloads/Landwirtschaft/EU-Fischereipolitik-Meeresschutz/JahresberichtBinnenfischerei.pdf?__blob=publicationFile

Der Kormoran. Vogel des Jahres 2010. LBV/NABU
* https://www.nabu.de/imperia/md/content/nabude/vogelschutz/vdj/2010_kormoran/nabu_vdj2010_broschuere.pdf

Maßnahmen zur Abwehr von Kormoranen
Eine Übersicht von Dr. Thomas Keller, Orn. Anz 35, 1996.12-23
* https://www.zobodat.at/pdf/Anzeiger-Ornith-Ges-Bayerns_35_1_0013-0023.pdf

Der Einfluss des Kormorans auf Fischbestände
Volker Guthörl: Zum Einfluss der Kormorans (Plalacrocorax carbo) auf Fischbestände und aquatische Ökosysteme- Fakten, Konflikte und Perspektiven für kulturlandschaftsgerechte Wildhaltung 2006
* https://www.vfg-nrw.de/images/pdf/kormoran_endfassung_guthoerl2006x.pdf

Maßnahmenkatalog zum Kormoranmanagement in Hessen und Rheinland-Pfalz, AG Kormoran vom 23.3.1998
* https://rp-kassel.hessen.de/sites/rp-kassel.hessen.de/files/content-downloads/Maßnahmen%20zum%20Kormoran-Management%20in%20Hessen%20und%20Rheinland-Pfalz.pdf

Reduktion des Brutaufkommens in Kormorankolonien durch gezielte Störungen im Land Brandenburg
* https://www.lfvbw.de/images/beitraege/Projekte/Tagungsband_zum_Seminar_Kormoran_u._Fischartenschutz_2008.pdf

Bayrische Modellprojekte zur Kormoran-Problematik
Auf Vorschlag des Fachgremiums Kormoran am LfU Bayern wurden ab Januar 2011 zwei befristete Projektstellen geschaffen, eine am Landesamt für Umwelt und eine an der Landesanstalt für Landwirtschaft. Durch eine dieser Stellen wurde die Kormoranproblematik in zwei Teichgebieten (Aischgrund, Waldnaabaue), mit der anderen in zwei Fließgewässersystemen (Mindel, Schmutter) bearbeitet.

Aufgabe der mit den Projekten Beauftragten war es, Abwehr- und Vorbeugemaßnahmen auf Eignung und Effizienz zu prüfen, geeignete Maßnahmen zu bündeln, die unterschiedlichen Aktionen zu koordinieren und durch Abstimmung mit allen Betroffenen zu einer Versachlichung der Kormorandiskussion beizutragen. Ein wichtiges Ziel war dabei die Verbesserung der Kenntnisse über eine wirksamere Schadensabwehr bzw. zum Schutz bedrohter Fischarten. Die Berichte der Bayrischen Landesamtes für Umwelt über die Modellprojekte zum Kormoranmanagement 2011-2016 und der Leitfaden zum Kormoranmanagement Bayerisches Landesamt für Umwelt 2017 können kostenlos heruntergeladen werden unter www.bestellen.bayern.de. Die umfängliche Zitierung von Auszügen geschieht mit freundlicher Genehmigung des LfU. Der Bestelllink

veraltet leider und funktioniert dann nicht mehr. Bitte tragen Sie in die Such-
maske das Stichwort „Kormorane" ein und klicken dann die Publikation an, die
Sie herunterladen möchten, den Kormoran-Management-Leitfaden oder Berichte über die Teilprojekte zur Teichwirtschaft und zu Fließgewässern.

Das Dümmer Projekt

* https://av-nds.de/aktuelles/172-kormoranschutz-duemmer-2014.html
* https://www.laves.niedersachsen.de/download/100869

Punktuelle Flussüberspannung der Schwarza: Erfahrungen in Österreich

Beim Pulkanflug nahmen die Kormorangruppen die Schnüre wahr und
ließen sich nicht im schützenswerten überspannten Ruhe- und Laichbereich
nieder.

* http://forum.fischundfang.de/viewtopic.php?t=1551

Kormorane in Gera

Faszinierend sind die zwei Fotodokumentationen, die Feldstudien von Silvio
Heidler „Kormorane in Gera" aus dem Jahr 2008/2009 und „Kormorane im
Großraum" aus dem Jahr 2009/2010). Sie sind auf seiner Homepage einzuse-
hen. Heidler ist Polizeibeamter und Naturfotograf.

* http://natur-in-action.de/kormoran-phalacrocorax-carbo-sinensis/

Die Positionen der Parteien

Der Landesfischereiverband BW fragte in seinem Wahlcheck zur Bundes-
tagswahl 2017: Ist der gegenwärtige (hohe) Schutzstatus des Kormorans noch
zeitgemäß? Wenn ja, welche Maßnahmen zum Schutz des durch den Kormoran
dezimierten Fischbestandes halten Sie für geeignet?

* https://www.lfvbw.de/service/2-uncategorised/1148-parteien-im-lfvbw-wahlcheck-zur-bundestagswahl-2017

BfN-Fachtagung Kormorane 2006

Florian Herzig und Anne Böhnke (Bearb), BfN-Skripten 204 , 2007

* https://www.bfn.de/fileadmin/MDB/documents/themen/meeresundkuestenschutz/downloads/Fachtagungen/Fachtagung-Kormorane-2006/Skript-204_Tagungsband-Kormorantagung.pdf

Kormoranbericht Mecklenburg Vorpommern 2017

Arbeitsbericht des LUNG MV -Landesamt für Umwelt, Naturschutz und
Geologie MV;Goldberger Str. 1218273 Güstro Tel.: 03843-777-210
Bearbeiter: C. Herrmann E-Mail: christof.herrmann@lung.mv
Kormoranberichte aus Vorjahren

* https://www.lung.mv-regierung.de/dateien/kormoranbericht_mv_2017.pdf

Historische Rückblicke auf den Kormoran

Die Geschichte der Kormoranfischerei in Europa: Marcus Beike, VOGELWELT 133: 1 – 21 (2012)

Der Kormoran Phalacrocorax carbo sinensis in Mecklenburg und Pommern vom ausgehenden 18. bis zur Mitte des 20. Jahrhunderts: Christof Herrmann VOGELWELT 132: 1 – 16 (2011)

Der Kormoran Phalacrocorax carbo sinensis im deutschsprachigen Raum und in den Niederlanden zwischen 800 und 1800

Marcus Beike, Christof Herrmann, Ragnar Kinzelbach & Jan de Rijk: VOGELWELT 134: 233–261 (2013) 233

Das „Möwenproblem" im 20. Jahrhundert. Eine Darstellung der historischen Entwicklung in Deutschland sowie der Bestandslenkung an der Ostseeküste der DDR: Christof Herrmann VOGELWELT 130:

Zur Situation des Kormorans Phalacrocorax carbo sinensis in Mecklenburg-Vorpommern und im südwestlichen Ostseeraum: Ringfundmitteilung der Beringungszentrale Hiddensee Nr. 1 / 2012. Christof Herrmann Ornithologische Mitteilungen Jahrgang 64 • 2012 • Nr. 1/2: 3 – 13

Veränderungen im Zugverhalten des Kormorans Phalacrocorax carbo sinensis von den 1930er Jahren bis in die Gegenwart: Christof Herrmann, Juliane Wendt, Ulrich Köppen, Jelena Kralj & Klaus-Dieter Feige, Vogelwarte 53, 2015: 139–154 © DO-G, IfV, MPG 20151

Brutbestandsentwicklung des Kormorans Phalacrocorax carbo sinensis in Deutschland und Europa: KIECKBUSCH und KNIEF, Biologenbüro Kieckbusch & Romahn; Landesamt für Natur und Umwelt Schleswig-Holstein, Staatliche Vogelschutzwarte.

Das Schweizer Kormoran-Management: Rippmann U., Müller W., Peter M. & Staub E. (2005):

Erfolgskontrolle Kormoran und Fischerei sowie neuer Maßnahmenplan 2005. Bericht der Arbeitsgruppe Kormoran und Fischerei: Bundesamt für Umwelt, Wald und Landschaft, Bern.

Wie der Friede in den Niederlanden erklärt wird

In the 1960's, the cormorants had nearly became extinct in the Netherlands. After becoming a protected bird species in 1965, the cormorant population recovered very fast and it reached numbers it had not reached for a long time. The great revival of the cormorant population in the Netherlands can only be explained in the light of a change in human behaviour. This article explains the human background to the change of cormorant numbers. The conclusion is that this change is the result of a changed perception of three social groups (Berufsfischer, Angler, Naturschützer) Social learning and a shift in the wider context of the discussion altered the perception.

Social causes of the cormorant revival in the Netherlands: Cormorant Research Group Bulletin 5 (2003): Van Bommel, S; Röling, N.G.; van wieren, Sip; Gossow, Hartmut; 2003/01/01 https://www.researchgate.net/publication/238086666 SOCIAL CAUSES OF THE CORMORANT REVIVAL IN THE NETHERLANDS Severine van Bommel Tropical Nature Conservation and Vertebrate Ecology Group and Communication and Innovations Studies Group Wageningen Unive

Kormoran-Ernährungsbericht Dr. Winkler, Universität Rostock
Teilbericht der Universität Rostock für die vorpommerische Region. (Sachbericht zum Fördervorhaben LFI-LU-FA-09-12 Populationsanalyse und Erprobung von Maßnahmen zur Reduzierung des Bruterfolges beim Kormoran (Phalacrocorax carbo sinensis) in MV sowie Untersuchungen über seinen Einfluss auf freilebende Fischbestände. Teilbericht: Ernährung des Kormorans und sein Einfluss auf die Fischbestände der Küstengewässer Vorpommerns).
Projektleiter: Dr. H.M. Winkler.

Fisch-Transponder in Kormoran-Nestern

• http://gewässerwart.de/fisch-transponder-in-kormoran-nestern/

22. Mai 2013 von Niklas

In der Provinz Limburg in den Niederlanden wurden an der Maas 15 Fisch-Transponder-Sender[92] in Kormoran-Nestern gefunden. Mitarbeiter von Rijkswaterstaat und Sportvisserij Nederland untersuchten am 15. Mai 2013 gezielt zwei bekannte Nistplätze der Kormorane auf der niederländischen Flussseite. Auf der gegenüberliegenden, belgischen Seite wurde ebenfalls ein Sender gefunden.

Die Transponder stammen von Lachssmolts (junge Lachse, der Autor) aus den Jahren 2012 oder 2013, die direkt in der Maas oder in Nebenflüssen besetzt wurden. Weitere Untersuchungen der Transponder werden zeigen, aus welchen Jahrgängen sich die Fische genau rekrutieren.

Wenn man berücksichtigt, dass …

- in Transponder-Projekten nur relativ wenige und bereits großgezogene Smolts besetzt werden (grob um die 100 Lachse pro Jahr)
- die Batterie-Laufzeiten der Transponder nur wenige Monate beträgt (allerhöchstens 12 Monate) die Kormorane ihren Darm nicht nur am Brutplatz entleeren
- … dann sind die 16 Transponder – ergo 16 Lachse – schon eine recht ordentliche Zahl.
- … Eingesetzte Technik

Zum Abschluss noch ein paar Worte zu der Technik, die für die Untersuchung des Wanderverhaltens der Lachs-Smolts in der Maas eingesetzt wird. Es handelt sich hierbei um das Transponder-System NEDAP TRAIL, das auch für deutsche Projekte eingesetzt wird – beispielsweise in Nordrhein-Westfalen. Jedem Fisch wird dazu ein Transponder mit eindeutiger Identifikationsnummer in die Bauchhöhle eingepflanzt. Sobald ein markierter Lachs eine der über das gesamte Flusssystem verteilten Empfängerstationen durchquert, wird er automatisch registriert. So kann das Wanderverhalten jedes einzelnen Lachses komplett zurückverfolgt werden.

Viele Angelvereine setzen junge Lachse in Bäche und Flüsse ein und hoffen eine spätere Rückkehr dieser Wanderfische.

---

92 http://www.ifoe.eu/Markierung.html

Where do wintering cormorants come from? Long-term changes in the geographical origin of a migratory bird on a continental scale: Morten Frederiksen, Fränzi Korner-Nievergelt , Loïc Marion , Thomas Bregnballe, Journal of Applied Ecology 55(4):2019-2032.

Der Kormoran am Bodensee
Evaluation des Handlungsbedarfs, Grundlagen und Möglichkeiten für ein koordiniertes Kormoranmanagement, Studie im Auftrag der Internationalen Bevollmächtigtenkonferenz für die Bodenseefischerei (IBKF) 2017 http://www.ibkf.org/wp-content/uploads/2018/03/IBKF_Kormoranstudie_Bodensee_2017.pdf

Kormoran- und Fischbestand
Kritische Analyse und Forderungen des Landesfischereiverbandes Bayern e.V. 2010: https://lfvbayern.de/download/kormoran-und-fischbestand

Grünauge im Visier
Wild und Hund, Juni 2017
* https://wildundhund.de/gru%CC%88nauge-im-visier/

Die Bejagung des Kormorans-Veraltete Übersicht aus 2013
* https://wildundhund.de/pueckler-die-bejagung-des-kormorans-liste-7619/

Kontroverse über Totholzeintrag

* https://www.researchgate.net/publication/234167709_Kritische_Betrachtung_zum_Eintrag_von_Totholz_in_Fliessgewasser_als_eine

Anklamer Stadtbruch
* https://www.facebook.com/pg/Anklamer-Stadtbruch-830933663700052/photos/?ref=page_internal

Fachkonferenz des LfV Brandenburg/Berlin
* http://lfv-brandenburg.de/pages/posts/fachkonferenz-ein-kormoran-management-fuer-deutschland255.html?p=20

Kormoranbericht für die Oberrheinkonferenz
* https://www.oberrheinkonferenz.org/de/landwirtschaft/downloads.html

Kormorane in Rheinland-Pfalz
Nach dem achten Bericht zum Kormoran-Monitoring in Rheinland-Pfalz, erstellt von der Gesellschaft für Ornithologie Rheinland-Pfalz (GNOR), gab

es 2017 in Rheinland-Pfalz 362 Brutpaare an acht Koloniestandorten. Mit 72 Prozent brüteten die weitaus meisten am Rhein. An der Saar brüteten 12 Prozent, an der Mosel 10 Prozent. Im Winter 2016/17 wurden landesweit 2430 Kormorane gezählt. Abgeschossen, nach den Ausnahmebestimmungen der Kormoranverordnung, wurden 2016/2017 901 Kormorane. In dem Bericht von Melanie WAGNER, Thomas DOLICH & Holger HAUPTLORENZ heißt es, das Ziel der Kormoran-Verordnung, die von der Fischerei geltend gemachten fischereiwirtschaftlichen und fischökologischen Schäden durch eine kontrollierte Entwicklung des Kormoranbestandes mit Hilfe einer auf breiter Fläche umgesetzten Abschussberechtigung wirkungsvoll zu reduzieren, sei auf Landesebene wiederum nicht erreicht worden. Es könne nach den Erfahrungen aus anderen Bundes-Ländern nicht erreicht werden. Vielmehr bestehe die Gefahr, dass durch solche weit verteilten Aktionen jagende Kormorantrupps oder Schlafplatz-Gemeinschaften nur zusätzlich aufgesplittert und an weitere kleine Fließgewässer mit eventuell bedrohten Fischarten vertrieben würden. d. h. regional könne es Auswirkungen geben, z. B. dass Schlafplätze aufgegeben werden oder an Bedeutung verlören.

Als Konsequenz schlagen die Autoren des Berichtes vor, die derzeitige Verfahrensweise dahingehend zu überprüfen, ob nicht durch Einzellösungen im Sinne eines Managements (unter Einschluss von Einzelabschüssen) insbesondere an Gewässern mit stark gefährdeten Fischarten im Endeffekt zufriedenstellendere Resultate für Fisch und Kormoran zu erzielen sind als mit einer Landesverordnung und flächig verteilten Abschüssen. Die Argumentation deckt sich mit der des LBV.

In Rheinland-Pfalz wird sowohl die Berufs- als auch die Freizeitfischerei praktiziert. Rund 85 000 Personen üben nach Angaben des Umweltministeriums die Freizeitfischerei aus. Es existieren 18 Flussfischereibetriebe an Rhein und Mosel, 11 Haupt- und 6 Nebenerwerbsbetriebe in der Forellenzucht sowie 4 Haupt- und 2 Nebenerwerbsbetriebe in der Karpfenteichwirtschaft.

An 11.600 ha fließenden und stehenden Gewässern (43 % der 27.000 ha Wasserflächen des Landes) besitzt das Land Rheinland-Pfalz das Fischereirecht.

Während es im rheinland-pfälzischen Teil der Eifel keine Kormoranbrutkolonien, sondern nur Kormorane gibt, die im Winter an die Fließgewässer ziehen, bestehen Brutkolonien im nordrhein-westfälischen Teil. Eine Brutkolonie befindet sich am Uferrandweg des Urftsees im Nationalpark Eifel.

* http://gnor.de/wp-content/uploads/2008/09/180709_1900_gnorinfo-126_FINAL_4MB.pdf

Kormoranmanagement in Nordamerika

* https://www.fws.gov/southeast/faq/double-crested-cormorants/

Protecting your Fishery from Cormorants
* http://www.bruno-broughton.co.uk/pdf/Protecting%20Your%20Fishery.pdf

Kritik am US-Kormoranmanagement
The Double-Crested Cormorant: Plight of a Feathered Pariah Hardcover –
November 4, 2013 by Linda R. Wires. The tragic history of the cormorant's
relations with humans and the implications for today's wildlife management
policy

Kormoranmanagement in Dänemark
No. 125. Denmark's breeding stock of Great Cormorant in 2018: Bregnballe,
T. & Sterup, J. 2018. Danmarks ynglebestand af skarver i 2018. Aarhus
Universitet, DCE – Nationalt Center for Miljø og Energi, 40 s. - Teknisk
rapport nr. 125.

* http://dce2.au.dk/pub/TR125.pdf

Summary
This report presents the results of the annual count of all apparently occu-
pied Great Cormorant nests throughout Denmark. In 2018, a total of 31,605
nests were registered, which is 1,581 nests less than in 2017, corresponding to
a decrease of 4.8%. In Denmark as a whole, the Cormorant breeding population peaked at around 40,000 pairs during 1996-2005, followed by a decline
to around 26,400 pairs in 2010-2013. During 2014-2018, the population has
been rather stable with around 31,700 pairs and annual fluctuations below 5%.

In the central parts of Denmark (around SW Kattegat, Funen and North
Zealand), the population of Cormorants increased in 2018, whereas a decline
was found in West Jutland and Southeast Denmark.

Denmark had eight colonies with more than 1,000 pairs in 2018 with the
largest colony, located in Stavns Fjord on the island of Samsø, holding 2,422
nests. The total number of breeding colonies in Denmark decreased from 80 in
2017 to 76 in 2018.

The Danish Nature Agency, Ministry of the Environment, implemented
management measures to reduce breeding success in nine colonies in 2018 and
gave permission to private landowners to undertake management in another
eight colonies. In 2018, a total of 4,249 nests were subjected to management,
mainly by preventing the eggs from hatching (e.g. by spraying them with vege-
table oil). The proportion of nests exposed to management was approximately
as in 2016 and 2017. In 2010-2015, fewer nests were subjected to management
measures.

Henvendelse om denne sides indhold:
Karin Balle Madsen
Revideret 04.09.2018

Staatliche Beihilfen

* https://www.bmel.de/DE/Landwirtschaft/Foerderung-Agrarsozialpolitik/Beihilfen/beihilfen_node.html

Förderung nach dem Europäischen Meeres- und Fischereifonds, Beispiel Bayern

* https://www.stmelf.bayern.de/agrarpolitik/foederung/094470/index.php

De-minimis-Regelung[93]

In der Europäischen Union sind wettbewerbsverfälschende Beihilfen an Unternehmen oder Produktionszweige verboten, wenn sie den Handel zwischen den EU-Mitgliedstaaten beeinträchtigen. In bestimmten Fällen kann die Europäische Kommission Subventionen allerdings ausnahmsweise genehmigen. Um zu entscheiden, ob es sich um eine solche Ausnahme handelt, muss jede Beihilfe, die einem Unternehmen zugute kommt, bei der Europäischen Kommission in Brüssel gemeldet werden (Notifizierung). Die Europäische Kommission entscheidet dann, ob die betreffende Subvention im Sinne des EU-Vertrags gewährt werden kann oder nicht.

Zur Vereinfachung dieses Verfahrens wurde die „De-minimis"-Regelung eingeführt. Danach brauchen Subventionen, die unterhalb einer bestimmten Bagatellgrenze liegen, bei der Europäischen Kommission nicht gemeldet und von ihr genehmigt werden. Dies gilt für Beihilfen, die vom Staat bzw. von staatlichen Stellen an einzelne Unternehmen ausgereicht werden und innerhalb des laufenden und der letzten zwei Kalenderjahre den Subventionswert von derzeit insgesamt 200.000 EUR (100.000 EUR im Straßentransportsektor, 15.000 EUR innerhalb von drei Jahren im Agrarsektor) nicht übersteigen. Die Kommission geht davon aus, dass diese kleineren Subventionen keine spürbaren Auswirkungen auf den Handel und den Wettbewerb zwischen den Mitgliedstaaten haben.

NABU zu Windkraftanlagen

Der NABU hat ein Positionspapier für den naturschonenden Ausbau der Windkraftanlagen vorgelegt.

* https://www.nabu.de/news/2017/03/22187.html

93 http://www.foerderdatenbank.de/Foerder-DB/Navigation/Foerderrecherche/suche.html?get=19a807ed779dcc95c1b330341406e4e3;views;document&doc=2378

Fotonachweise

Coverfoto: Juveniler Kormoran (Phalacrocorax carbo) am Nordseestrand bei Nebel, Amrum-Von © Frank Schulenburg /, CC BY-SA 4.0, https://commons.wikimedia.org/w/index.php?curid=72355059

Foto 1: Kormoran im Rosarium von Uetersen-Von Alchemist-hp (talk) (www.pse-mendelejew.de), derivative work Lämpel - Eigenes Werk, FAL, https://commons.wikimedia.org/w/index.php?curid=66831682

Foto 2: Kormorane in Mecklenburg-Von Frank Liebig - Archiv Frank Liebig, CC BY-SA 3.0 de, https://commons.wikimedia.org/w/index.php?curid=44847427

Foto 3: Auf der Mole von Ruden rasten etwa 1 000 Kormorane-Von Chron-Paul, derivative work Lämpel - Eigenes Werk, CC BY-SA 3.0, https://commons.wikimedia.org/w/index.php?curid=66773869

Foto 4: Die Seeadler-Kormorane. Künstlerische Freiheit. Rainer Nahrendorf

Foto 5: Seeadler Von Christoph Müller (http://www.christophmueller.org) - Eigenes Werk, CC-BY 4.0, https://commons.wikimedia.org/w/index.php?curid=68003968

Foto 6: Kolonie auf der Kurischen Nehrung. Rainer Nahrendorf

Foto 7: Jugendforschungsschiff Cormoran. Christiane Nahrendorf

Foto 8: Doppelschöpfige Ohrenscharbe im Nest in San Francisco-By Brocken Inaglory - Own work, CC BY-SA 4.0, https://commons.wikimedia.org/w/index.php?curid=3969179

Foto 9: Double-crested Cormorant (Phalacrocorax auritus, doppelschöpfige Ohrenscharbe) - Lake Okeechobee, FloridaBy DickDaniels (http://carolinabirds.org/) - Own work, CC BY-SA 3.0, https://commons.wikimedia.org/w/index.php?curid=17825232

Foto 10/11: Kormorane in Namibia. Christiane Nahrendorf

Foto 12/13/14: Kormorane in Kerala (Südindien). Christiane Nahrendorf

Vignette: Gemälde von Cornelius Nozeman. Dieses Bild stammt aus den Sammlungen der Königlichen Bibliothek, der Nationalbibliothek der Niederlande. Kormoran in Nederlandsche Vogelen (1770), https://commons.wikimedia.org/wiki/File:Nederlandsche_vogelen_(KB)_-_Phalacrocorax_carbo_(088b).jpg